高职高专"工学结合"规划教材

工程制图习题集

（第三版）

王　琴　主编
郄秀芬　主审

石油工业出版社

内 容 提 要

本习题集是根据高职高专"工程制图"课程教学要求,结合石油、化工、机械等行业特点,为满足专业教学需求而编写的。全书由"制图的基本知识"等十二个模块组成,在内容编排上本着看图、画图兼顾的原则,专业图样侧重于看图,投影基础侧重于画图。本习题集还注意结合全国制图员职业资格考试大纲的中、高级制图员基本要求进行习题的选择和编排。

本习题集与王琴等主编的《工程制图》教材(石油工业出版社出版)配套使用,适用于三年制高职高专非机械类各专业,也可作为成人教育及制图技能培训用书或参考用书。

图书在版编目(CIP)数据

工程制图习题集/王琴主编. —3 版. —北京:石油工业出版社,2020.8
高职高专"工学结合"规划教材
ISBN 978-7-5183-4140-5

Ⅰ.①工… Ⅱ.①王… Ⅲ.①工程制图—高等职业教育—习题集 Ⅳ.①TB23-44

中国版本图书馆 CIP 数据核字(2020)第 126756 号

出版发行:石油工业出版社
　　　　　(北京朝阳区安华里 2 区 1 号楼　100011)
　　网　址:www.petropub.com
　　编辑部:(010)64256990
　　图书营销中心:(010)64523633　(010)64523731
经　销:全国新华书店
排　版:北京密东文创科技有限公司
印　刷:北京中石油彩色印刷有限责任公司

2020 年 8 月第 3 版　2020 年 8 月第 1 次印刷
787 毫米×1092 毫米　开本:1/16　印张:8.5
字数:216 千字

定价:19.00 元
(如出现印装质量问题,我社图书营销中心负责调换)
版权所有,翻印必究

第三版前言

本习题集是根据教育部颁布的高等职业院校"机械制图（非机类）教学大纲（含石油、焊接、化工等相关专业）"为依据编写的，与王琴等主编的高职高专"工学结合"规划教材《工程制图》（非机类 70~110 学时）配套使用，可作为高等职业学校非机械类各专业制图教材的配套用书，也可供其他专业使用和参考。

本次修订是按照"简明、易读和突出实用性"的原则，在保持第二版基本结构和篇幅的基础上进行的，主要更新了有关标准和最新术语。

本习题集由王琴任主编，郏秀芬任主审。参与习题集编写的人员有：湖南石油化工职业技术学院王杰（模块一、模块二、模块三）；天津工程职业技术学院王俊彦（模块四）；天津石油职业技术学院王琴（模块五、模块六、模块八、模块九），刘艳旺（模块十、模块十一、模块十二）；延安职业技术学院王岩（模块七）。

本书在编写过程中，天津石油职业技术学院的黄希廉、付金科、郏秀芬、尹爱东、鲁改欣参加了绘图和审核工作，在此对他们表示衷心的感谢。

由于编者水平有限，习题集中难免存在缺点、错误之处，恳请读者批评指正。

编 者
2020 年 4 月

第二版前言

本习题集是根据教育部颁布的高等职业院校"机械制图（非机类）教学大纲（含石油、焊接、化工等相关专业）"为依据编写的，与王琴等主编的高职高专"工学结合"规划教材《工程制图》（非机类 70～110 学时）配套使用，可作为高等职业学校非机械类各专业制图教材的配套用书，也可供其他专业使用和参考。

本习题集在选题上注重实际性和想象力培养两个方面，专业图样尽量和工作实际相结合，投影基础部分更注重想象力的培养。

参与习题集编写的人员有：渤海石油职业技术学院李荣华、陈超杰（模块一、模块二）；大庆职业学院岳波辉（模块三）；天津工程职业技术学院宋晓英（模块四、模块五）；天津石油职业技术学院王琴（模块六、模块八、模块九、模块十），李军众（模块十一、模块十二）；辽河石油职业技术学院苏成柏（模块七）。本习题集王琴任主编，郄秀芬任主审。

在编写过程中，天津石油职业技术学院的黄希廉、付金科、郄秀芬、尹爱东、鲁改欣参加了绘图和审核工作，在此对他们表示衷心的感谢。

由于编者水平有限，习题集中难免存在缺点、错误之处，恳请读者批评指正。

编　者
2012 年 4 月

第一版前言

本习题集是根据高职高专教育"工程制图"课程教学基本要求、结合石油行业的专业特点，配合付金科主编的《工程制图》教材而编写的，本习题集与"工程制图"教材同时出版，配套使用。

本习题集的内容本着满足"工程制图"课程教学基本要求，满足石油行业各高职高专院校专业的需求，结合全国制图员职业资格考试大纲的中、高级制图员基本要求，进行习题的选择和编排。本习题集是按 100~130 学时编写的，习题选择编排本着看图画图兼顾的原则，专业图样侧重于看图，投影基础侧重于画图。

本习题集在选题上注重实际性和想象力的培养两个方面，专业图样尽量和工作实际相结合，投影基础部分更注重想象力的培养。

本习题集在编写过程中遵循制图国家标准的规定，凡在定稿前查阅到的新制图国家标准，本习题集均予以采纳和贯彻。

参加本习题集编写的人员有：渤海石油职业学院李荣华（第一章），岳波辉（第二章），夏雪梅（第三章）；天津工程职业技术学院徐茂森（第四章），宋文双（第五章）；天津石油职业技术学院王琴（第六章），苏成柏（第七章），付金科（第九章），尹爱东（第十章）；石油物探职业教育学校蔡春青（第十一章、第十二章）；重庆科技学院蔡萍（第八章），高月华（第十三章）。本习题集由付金科、高月华任主编。赵洪庆任主审。

在编写的过程中，天津石油职业技术学院的尹爱东、王琴、鲁改欣参加了绘图工作；化工设备图的编写和制作，得到了重庆渝海搪瓷设备有限公司王增福高级工程师的帮助，在此对他们表示衷心的感谢。

由于编者水平有限，习题集中难免存在缺点、错误之处，恳请读者批评指正。

编　者
2006 年 5 月

目　　录

模块一　制图的基本知识 ··················· 1
　1-1　字体 ································· 1
　1-2　图线 ································· 3
　1-3　尺寸标注 ····························· 5
模块二　制图的基本技能 ··················· 7
　2-1　等分圆周 ····························· 7
　2-2　圆弧连接 ····························· 8
　2-3　斜度和锥度 ··························· 10
　2-4　平面图形 ····························· 11
　2-5　草图练习 ····························· 13
模块三　基本体的三视图 ··················· 14
　3-1　根据三视图找出相应的立体图 ········· 14
　3-2　根据立体图补画第三视图 ············· 15
　3-3　根据立体图画三视图 ·················· 17
　3-4　点的投影 ····························· 18
　3-5　直线的投影 ··························· 19
　3-6　平面的投影 ··························· 20
　3-7　基本体的三视图 ······················ 21
　3-8　基本体的补图与标注 ·················· 22
　3-9　基本体的表面取点 ···················· 24
　3-10　用细点画线，补画视图中缺漏的
　　　　中心线或轴线、对称线 ··············· 25
　3-11　截交线 ······························ 26
模块四　轴测图 ···························· 29
　4-1　正等轴测图 ··························· 29
　4-2　斜二等轴测图 ························ 33
模块五　组合体的视图 ····················· 35
　5-1　画组合体的视图 ······················ 35
　5-2　补画组合体视图中缺漏的图线 ········ 39
　5-3　相贯线 ································ 40
　5-4　组合体的尺寸标注 ···················· 42
　5-5　读组合体视图 ························ 44
　5-6　组合体作业练习 ······················ 50

模块六　图样画法 ·························· 53
　6-1　视图 ··································· 53
　6-2　剖视图 ································ 56
　6-3　断面图 ································ 69
　6-4　规定画法和简化画法 ·················· 71
　6-5　图样画法综合练习 ···················· 72
模块七　标准件与常用件 ··················· 74
　7-1　螺纹 ·································· 74
　7-2　螺纹连接 ····························· 76
　7-3　键、销连接 ··························· 79
　7-4　齿轮 ·································· 81
　7-5　滚动轴承 ····························· 82
模块八　零件图 ···························· 83
　8-1　表面粗糙度 ··························· 83
　8-2　极限与配合 ··························· 85
　8-3　形位公差 ····························· 87
　8-4　读零件图 ····························· 88
模块九　装配图 ···························· 96
　9-1　读装配图 ····························· 96
　9-2　由装配图拆画零件图 ·················· 101
　9-3　画装配图 ····························· 102
模块十　零部件测绘 ······················· 106
　10-1　零件测绘 ···························· 106
　10-2　部件测绘 ···························· 108
模块十一　焊接图 ·························· 109
　11-1　读焊接图 ···························· 109
　11-2　焊接图标注 ·························· 111
　11-3　由焊接图拆画零件图 ················ 112
模块十二　化工工艺图和设备图 ············· 113
　12-1　读化工工艺图 ························ 113
　12-2　看管路图 ···························· 115
　12-3　化工设备图中的标准件 ············· 118
　12-4　读化工设备图 ························ 120
参考文献 ·································· 129

模块一　制图的基本知识

1-1 字体

1. 汉字练习

长仿宋体字横平竖直注意起落填满方格标题栏学校

绘图校核姓名图号数重量零部件名称比例材料序号

螺钉栓母垫圈片开口销键弹簧滚动轴承端盖减速箱

1-1 字体

2. 数字和字母练习

1 2 3 4 5 6 7 8 9 0 Ø R　　*1 2 3 4 5 6 7 8 9 0 Ø R*

A B C D E F G M N O P Q　　*A B C D E F G M N O P Q*

a b c d e f g h m n ø r　　*a b c d e f g h m n ø r*

1-2 图线
1. 根据原图，按1:1比例在指定位置抄画原图

(1)　　　　　　　　　(2)

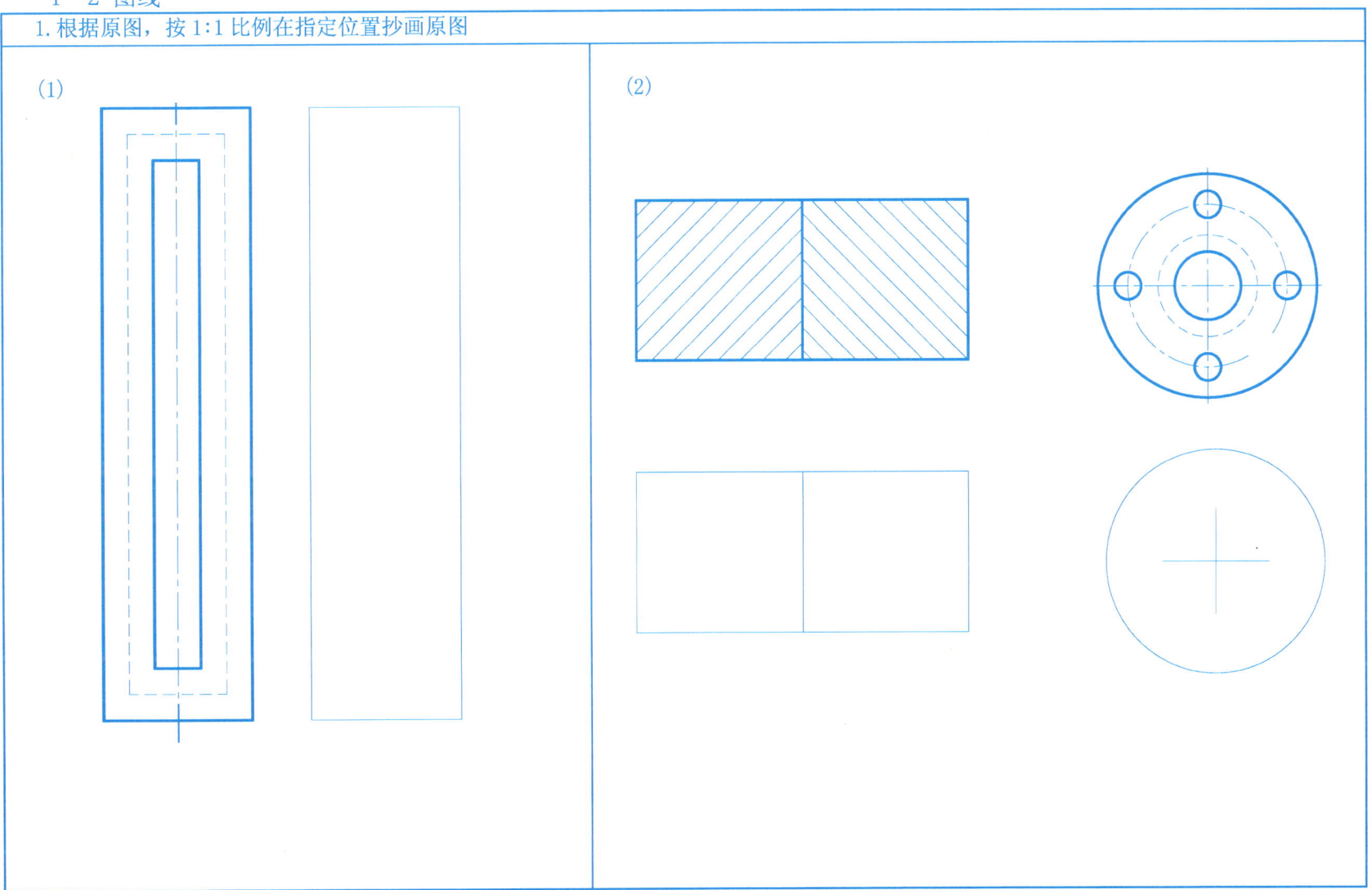

1-2 图线

2. 根据原图，按1:1比例在空白位置抄画原图，并标注尺寸

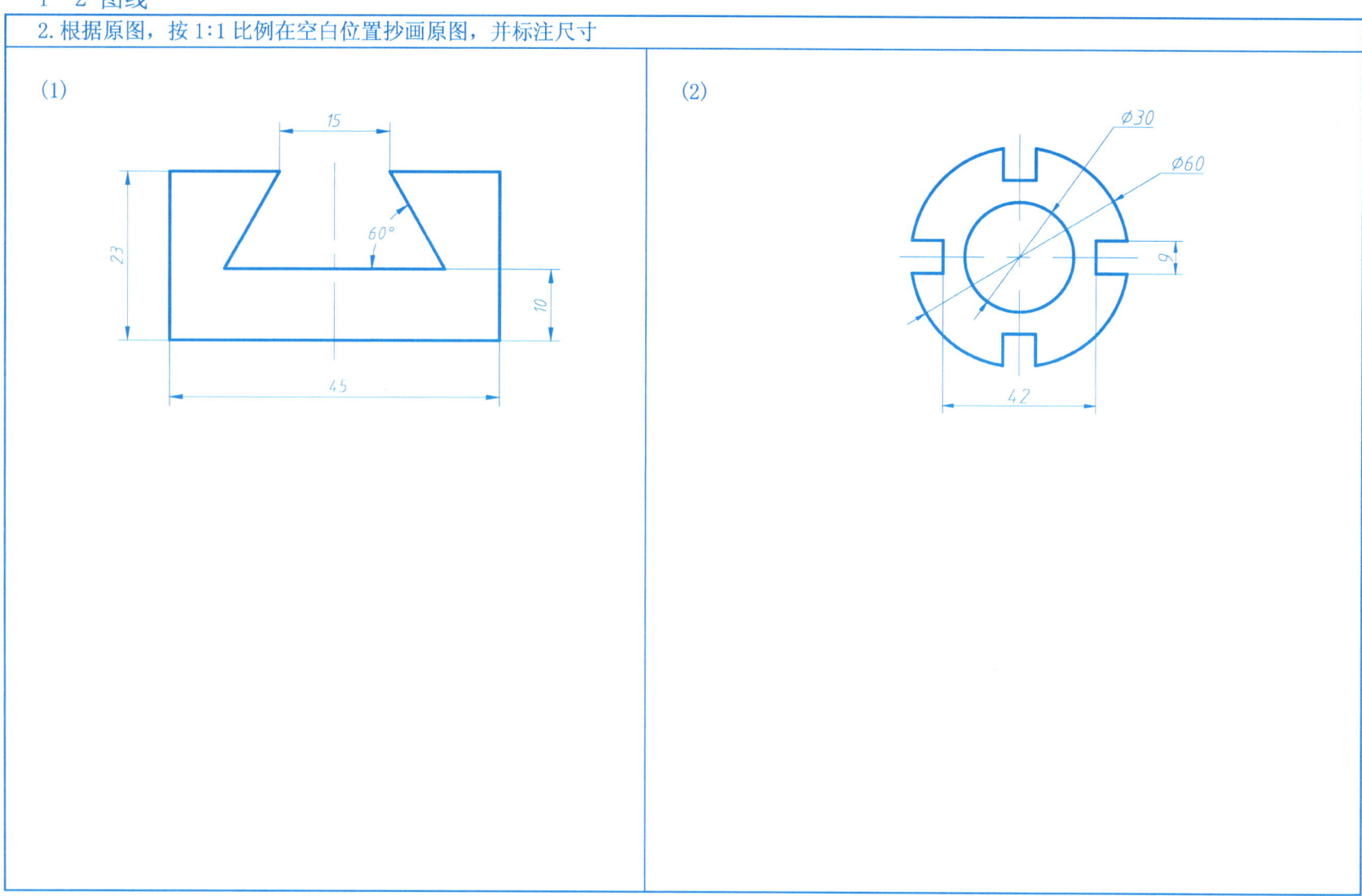

1-3 尺寸标注

1. 找出左图中尺寸标注的错误，并在右图中正确注出

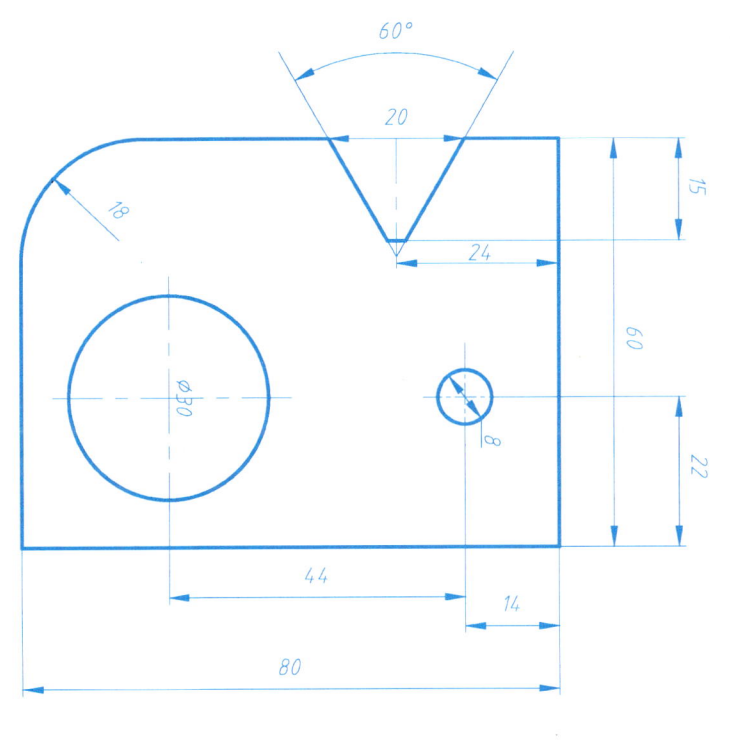
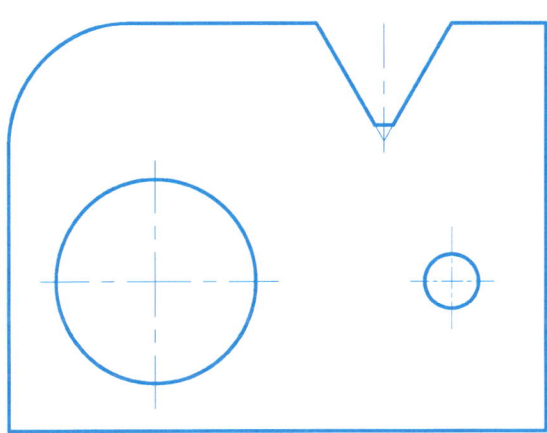

1-3 尺寸标注

2.标注尺寸（按1:1从图中量取数值，取整数）

(1)

(2)

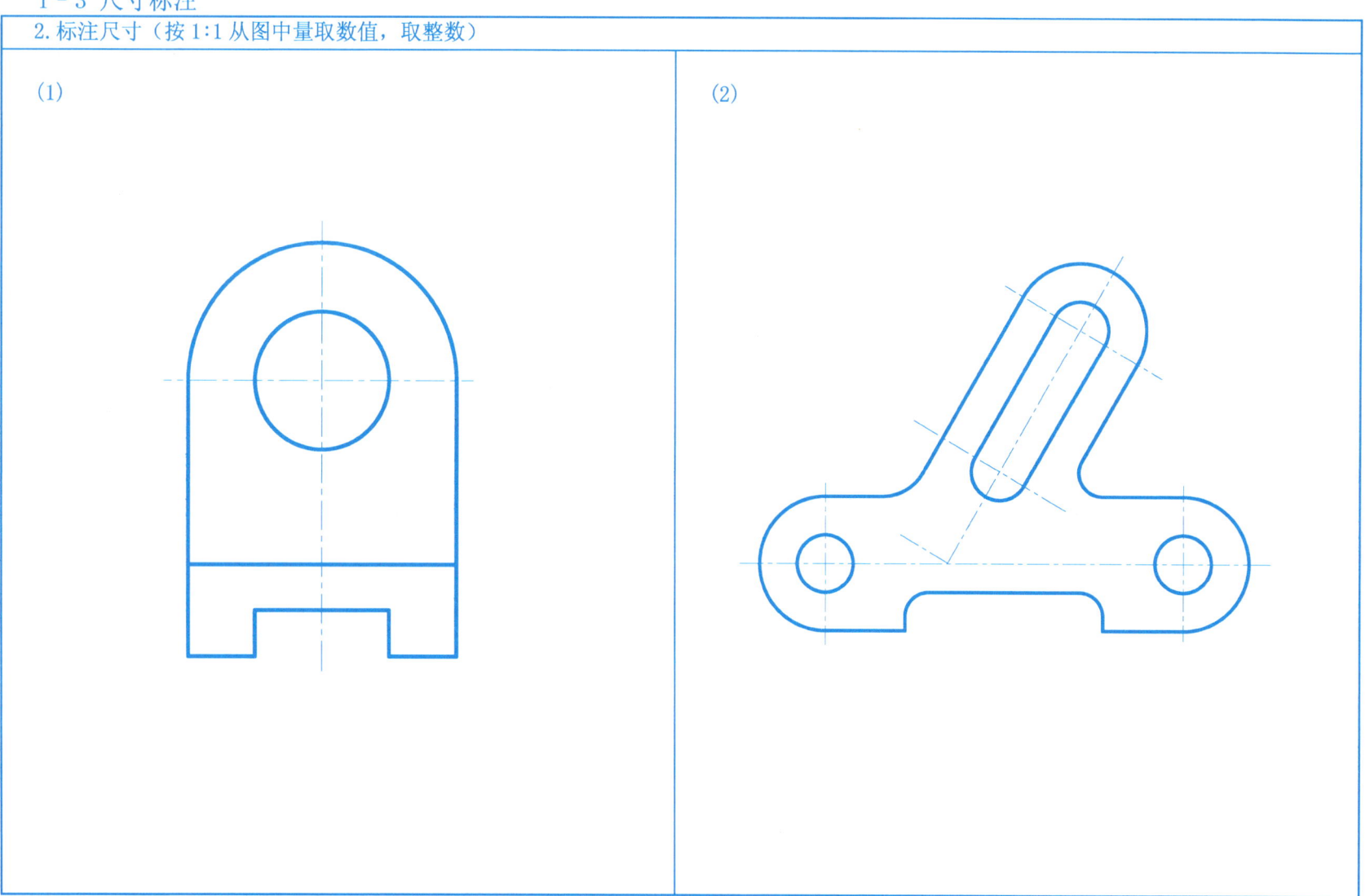

模块二　制图的基本技能

2-1 等分圆周

1. 按比例 1:1 作正多边形（外接圆 φ40）

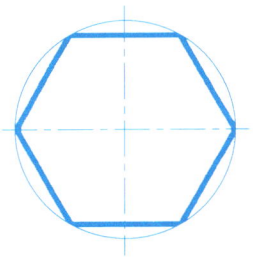

2. 按比例 1:1 作五角星（外接圆 φ60）

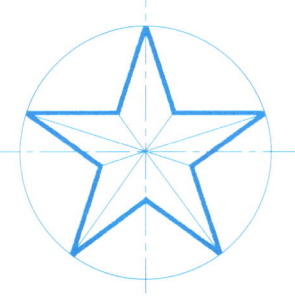

2-2 圆弧连接

完成下列图形的圆弧连接，并加深加粗（保留作图线）

1. 直线间的圆弧连接

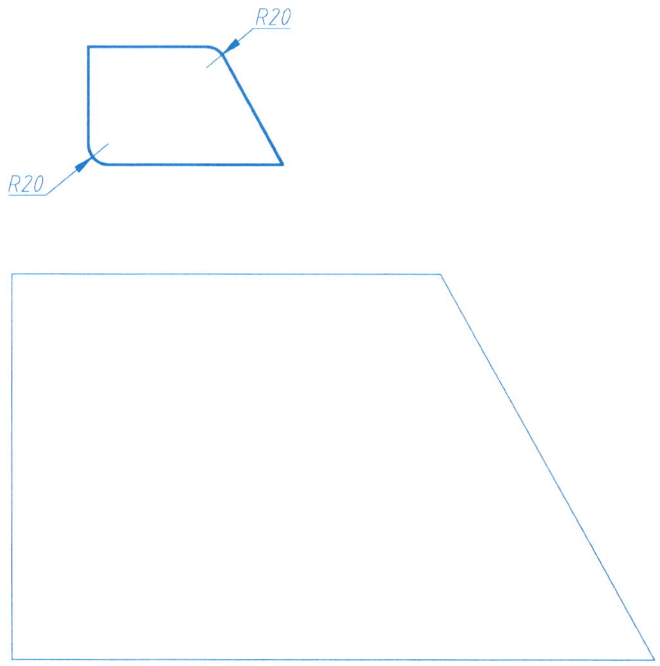

R20

R20

2. 圆弧间的圆弧连接

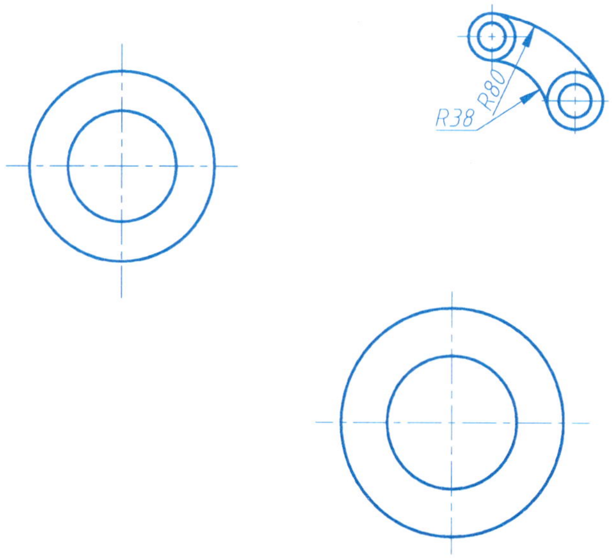

R38 *R80*

2-2 圆弧连接

3. 完成手柄的平面图形

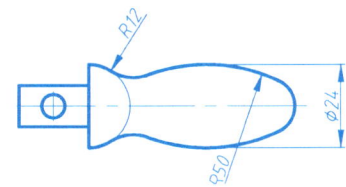

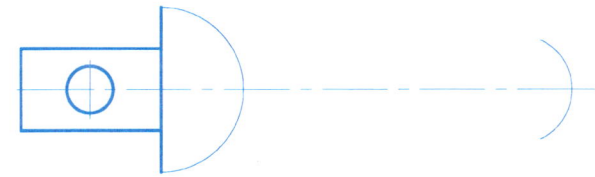

4. 绘制吊钩的平面图形

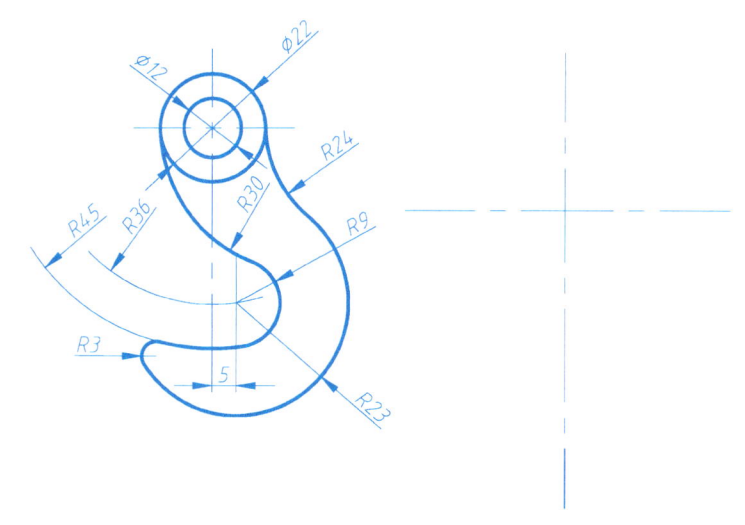

2-3 斜度和锥度

1. 斜度练习　按小图作图，并加粗和标注斜度代号

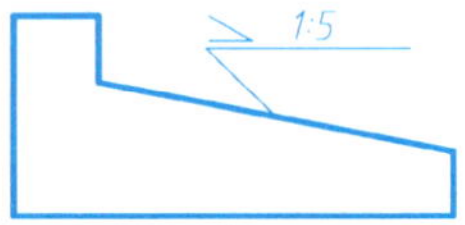

2. 锥度练习　按小图作图，并加粗和标注锥度代号

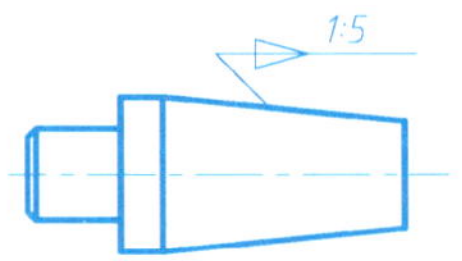

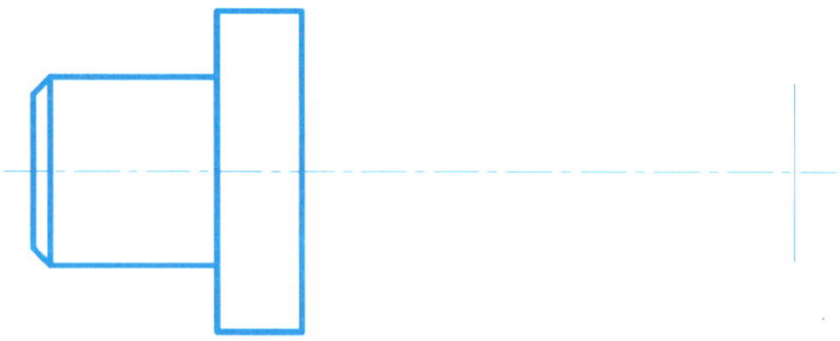

2-4 平面图形

在图纸上按 1:1 绘制下列图形，并标注尺寸

(1) (2)

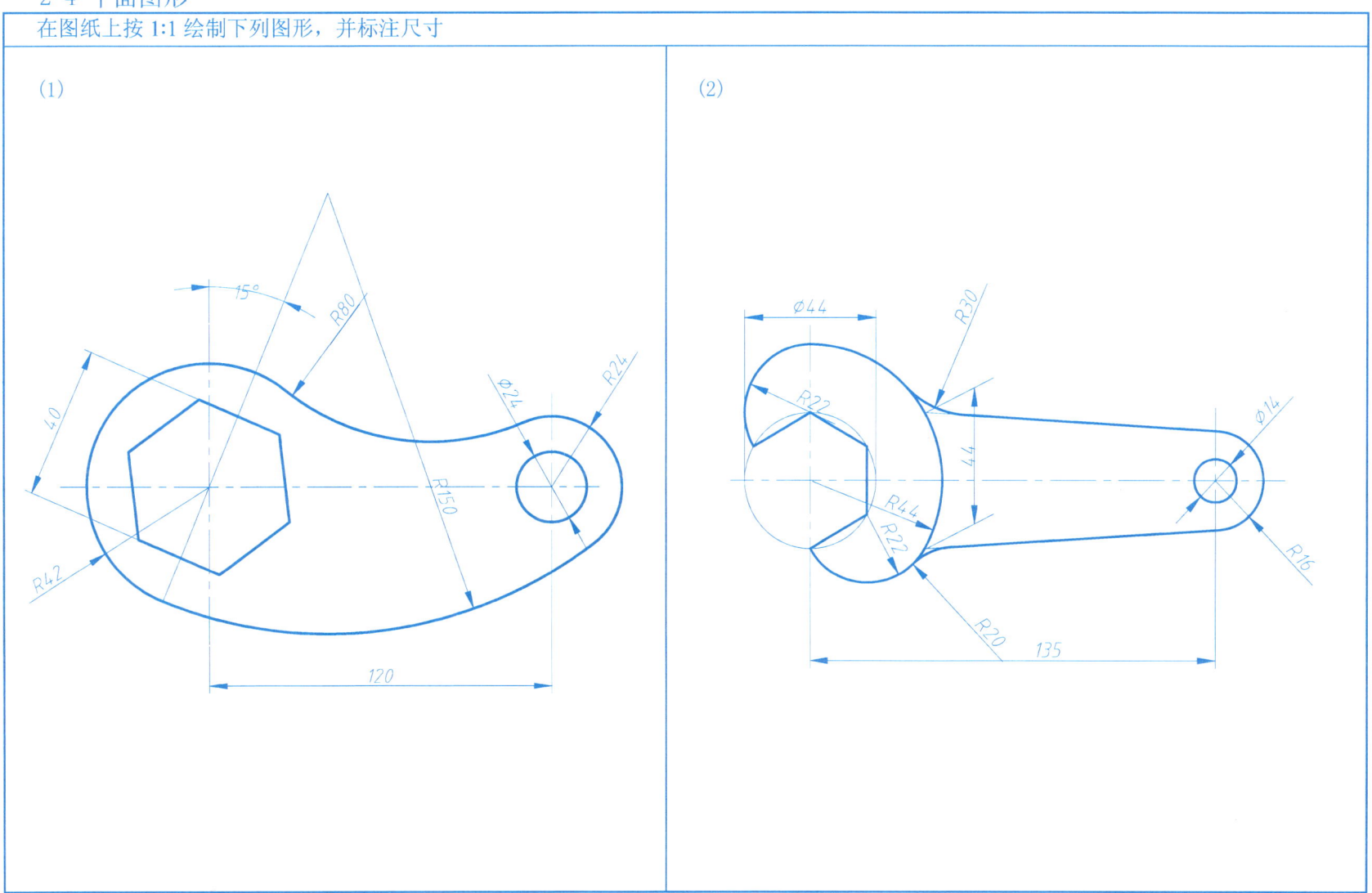

2-4 平面图形

(3)

(4)

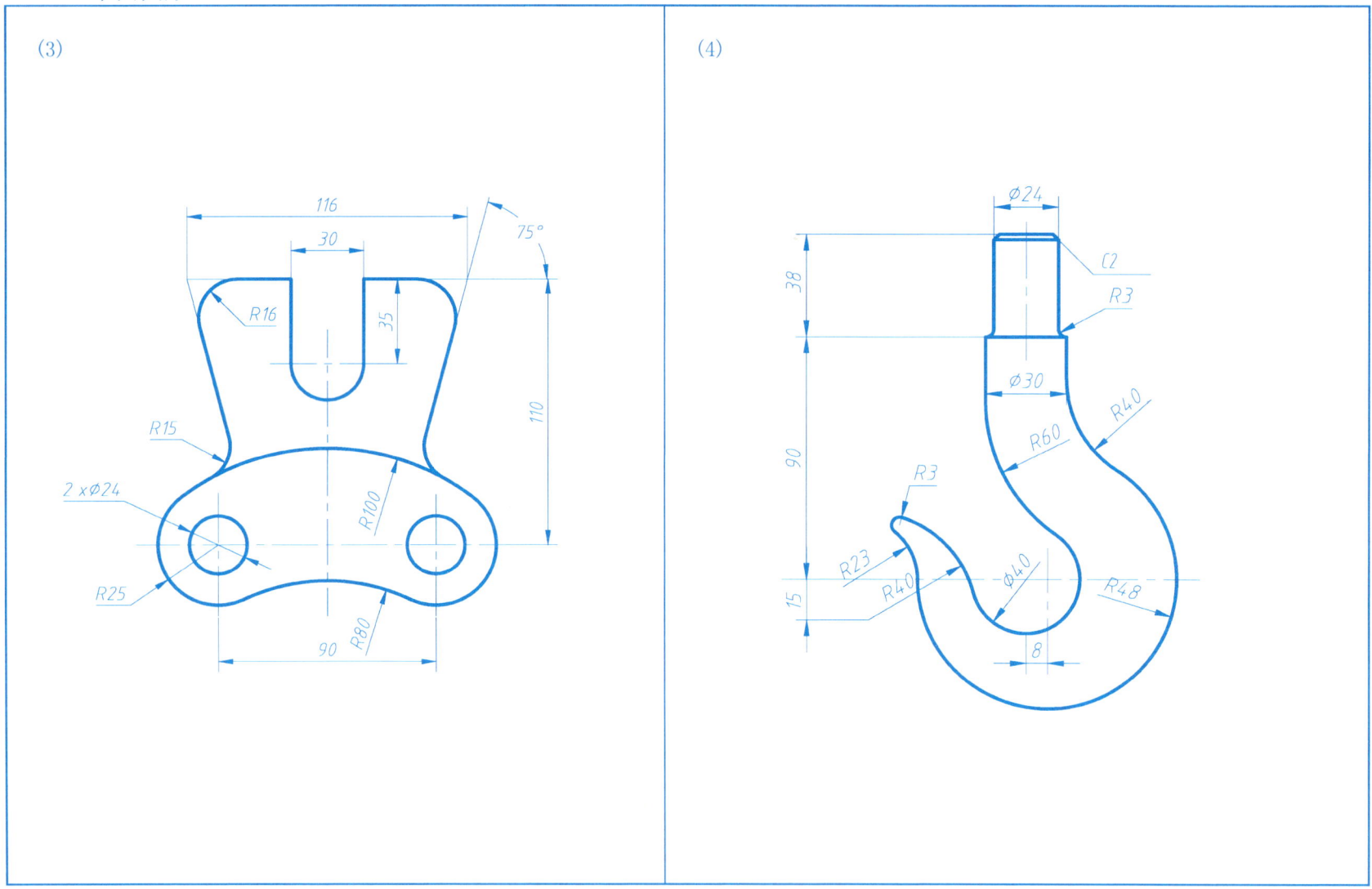

2-5 草图练习

在下方空白处按 1:1 的比例，徒手绘出图形

(1)

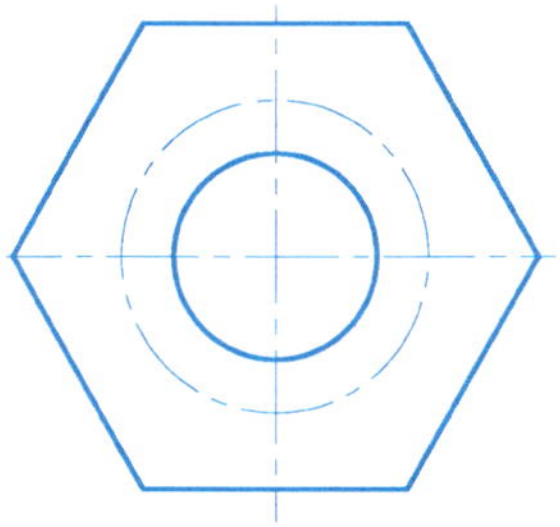

(2)

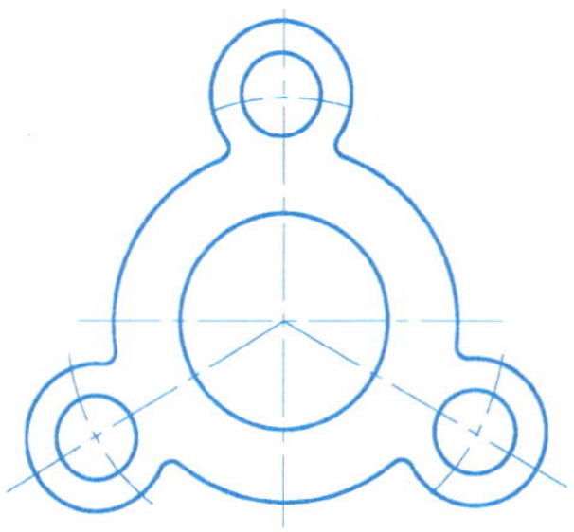

13

模块三 基本体的三视图

3-1 根据三视图找出相应的立体图

(1) (　)

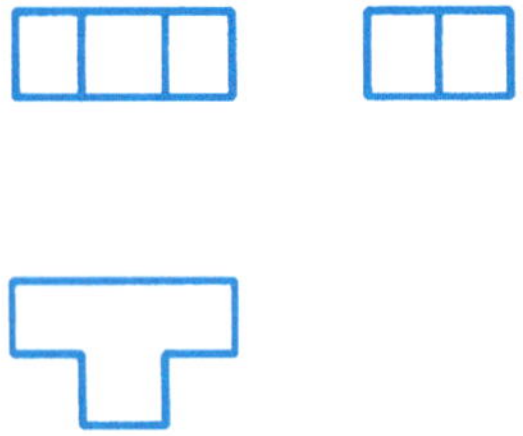

(2) (　)

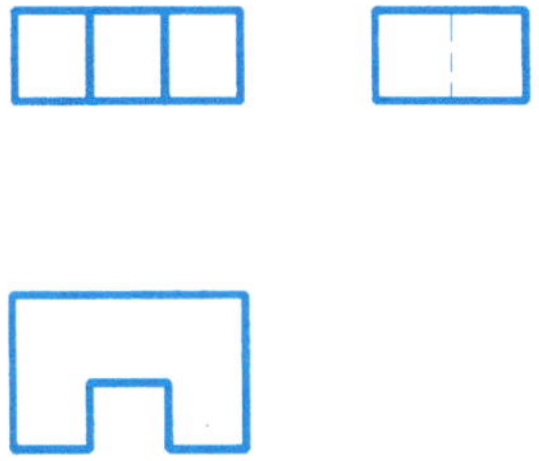

(a)

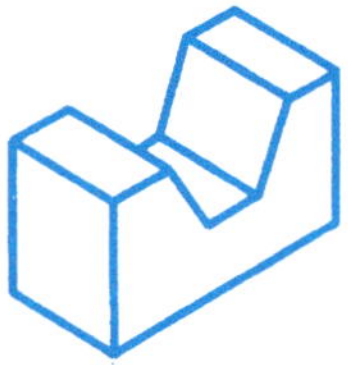

(b)

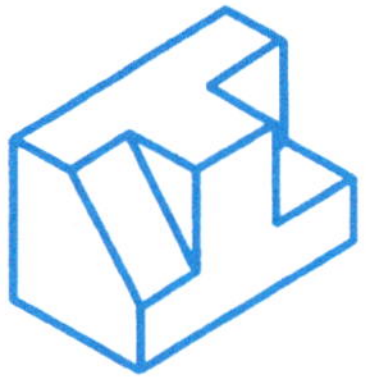

(3) (　)

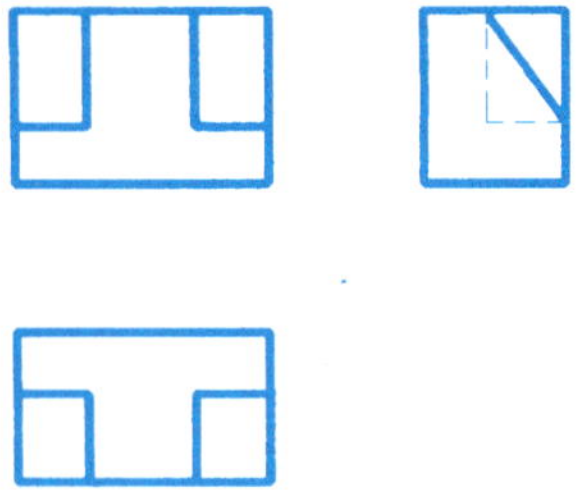

(4) (　)

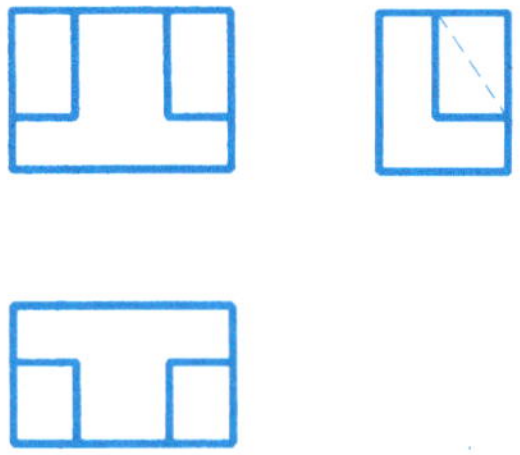

(c)

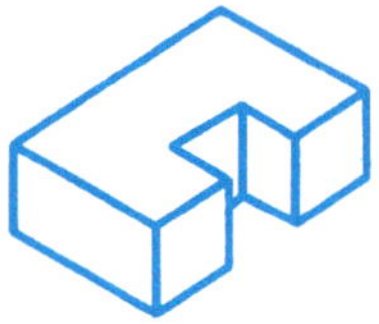

(d)

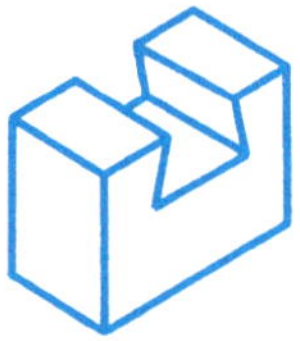

(5) (　)

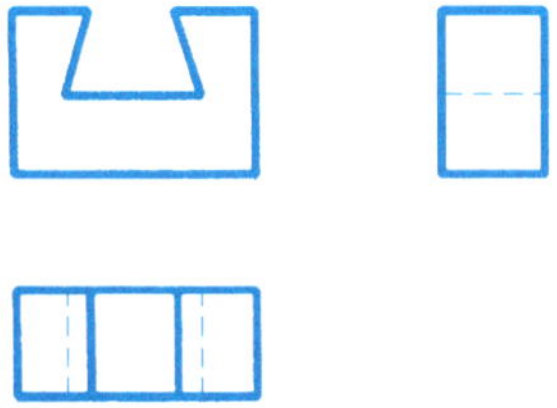

(6) (　)

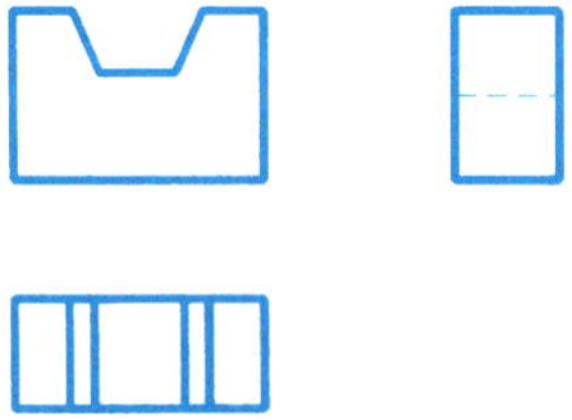

(e)

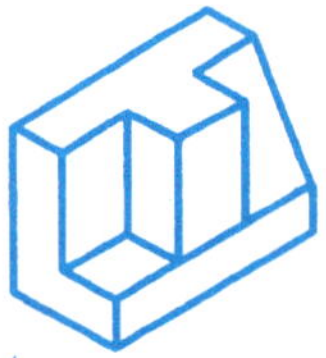

(f)

3-2 根据立体图补画第三视图

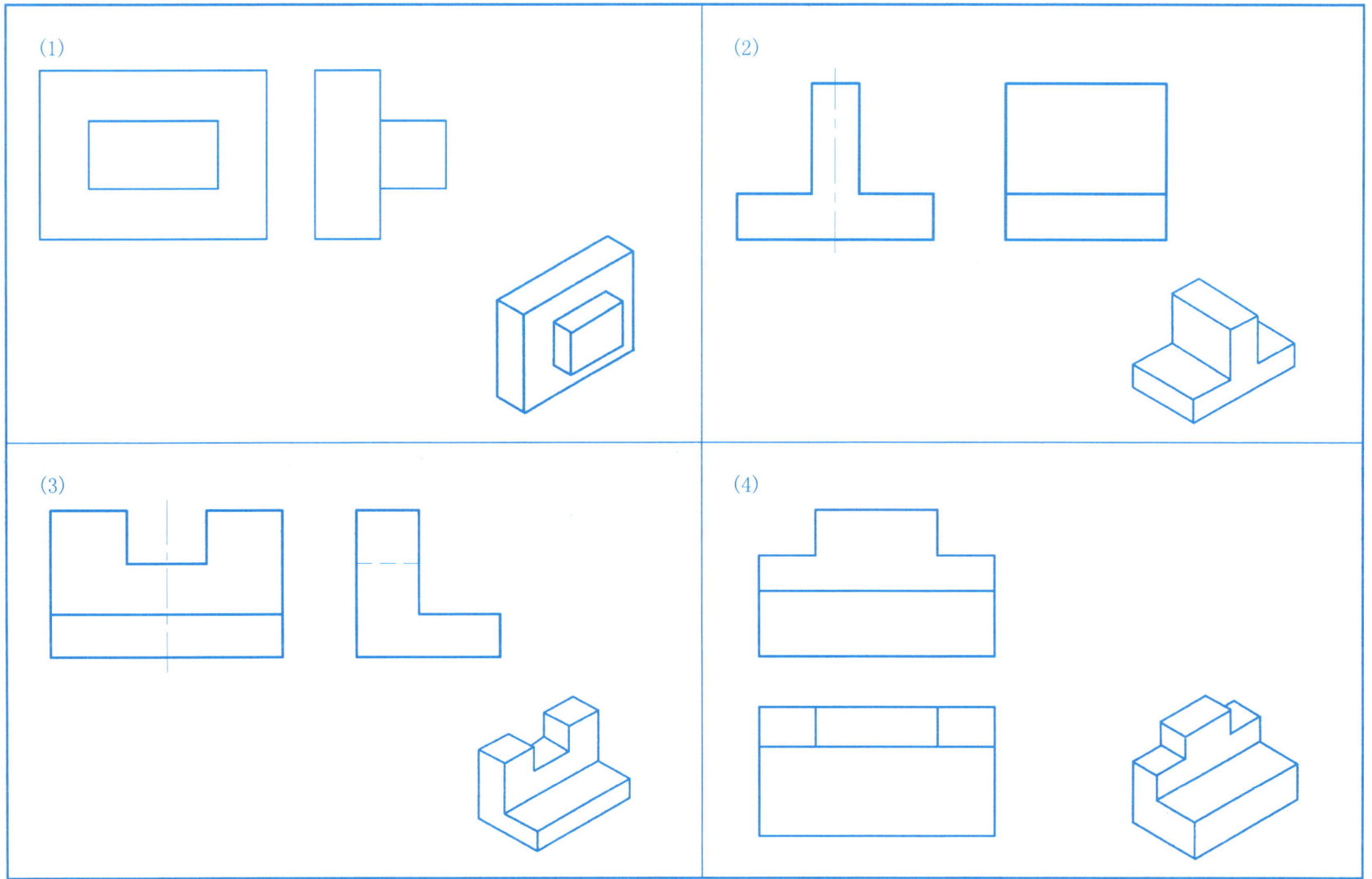

3-2 根据立体图补画第三视图

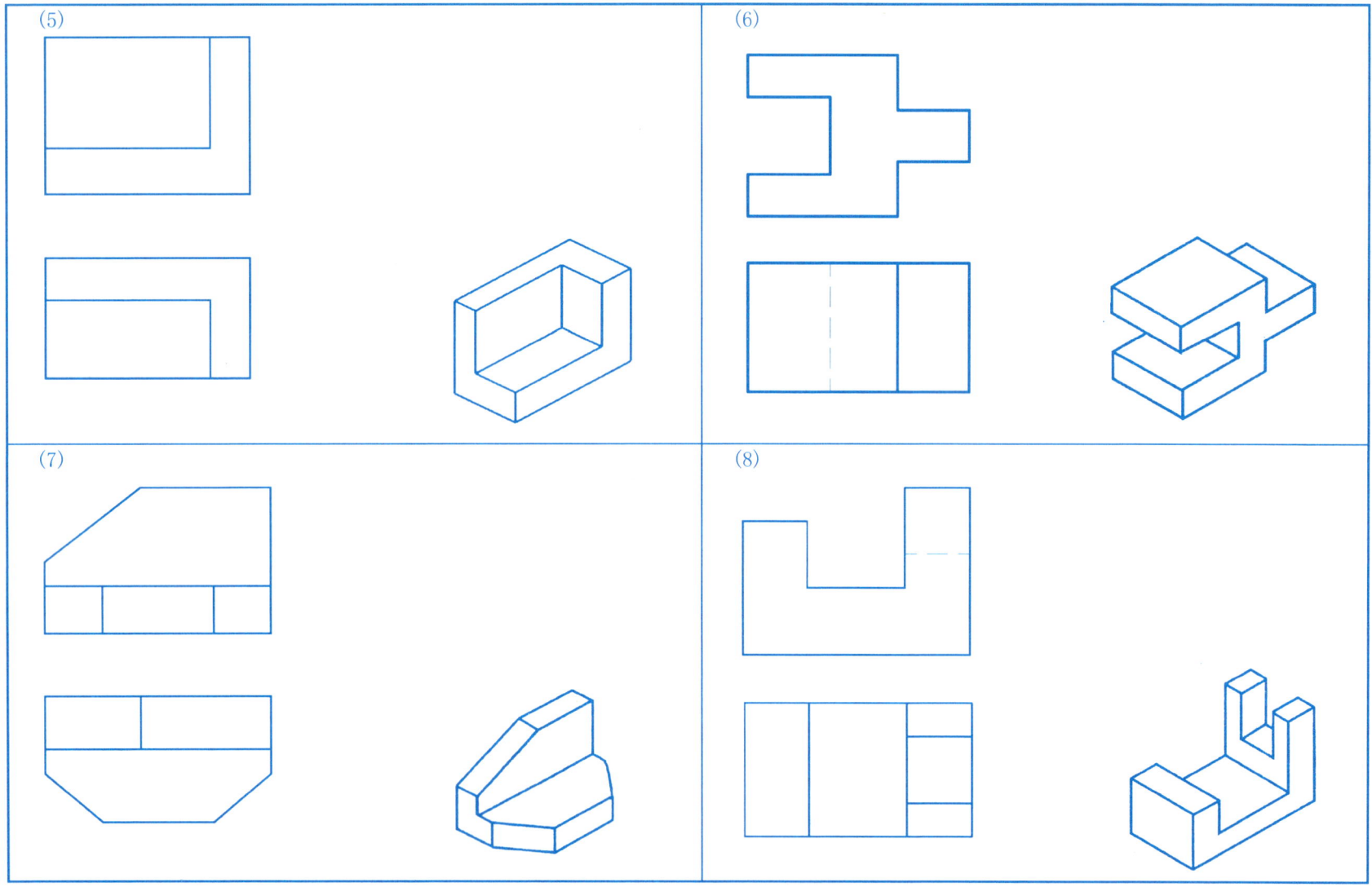

3-3 根据立体图画三视图

(1)

(2)

(3)

(4)

3-4 点的投影

1. 已知下列各点的两面投影,求它们的第三面投影
   (1)
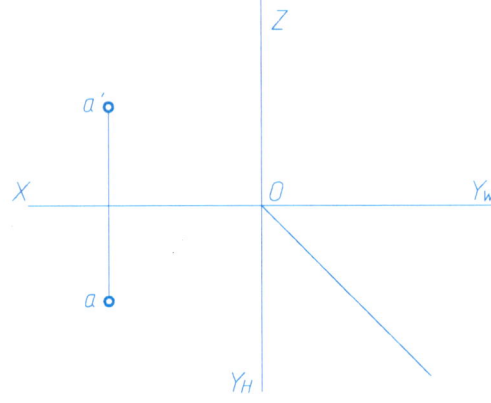

   (2)
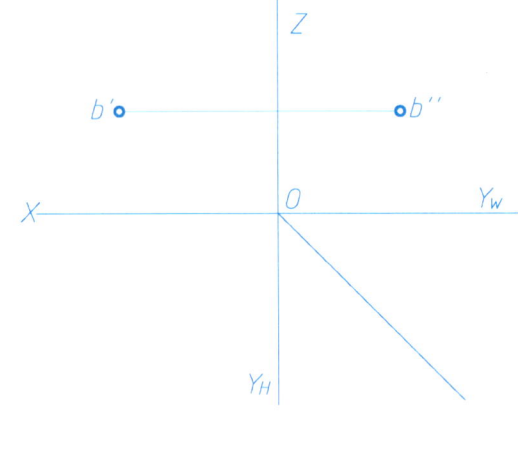

2. 已知各点的坐标,画出其三面投影
   (1) $A(8、12、18)$
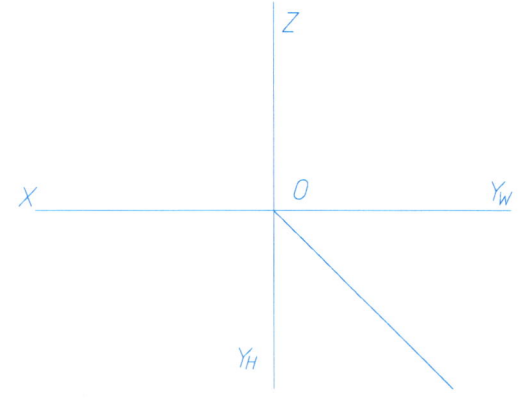

   (2) $B(0、10、20)$
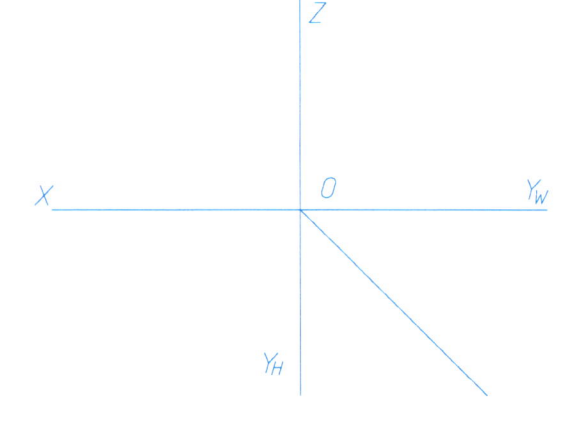

3-5 直线的投影

1. 已知下列直线的两面投影，求它们的第三面投影，并判断该线段的空间位置

（1）

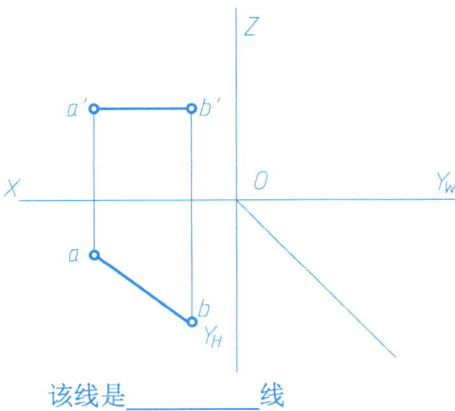

该线是_____线

（2）

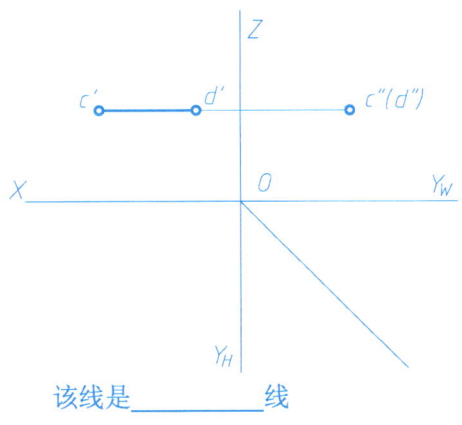

该线是_____线

2. 根据立体图，在物体的投影图中标出 AB、BC、CD、DE 线段的三面投影，并说明它们各是什么位置直线

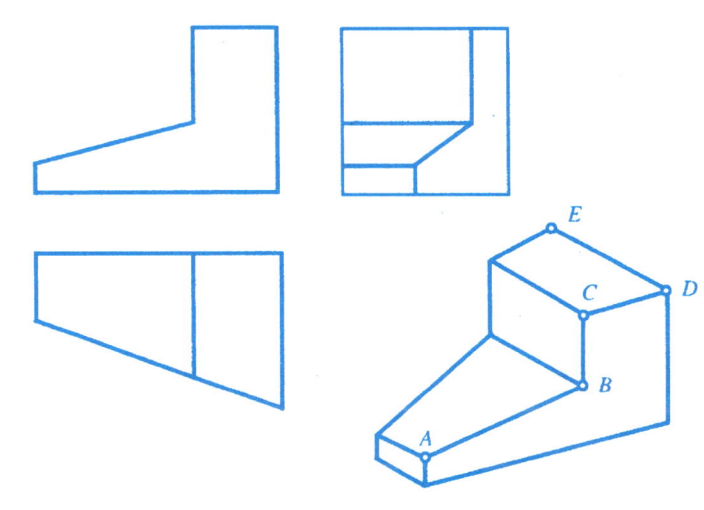

AB 是_____线

BC 是_____线

CD 是_____线

DE 是_____线

3-6 平面的投影

求下列平面图形的第三面投影，并判断它们的空间位置

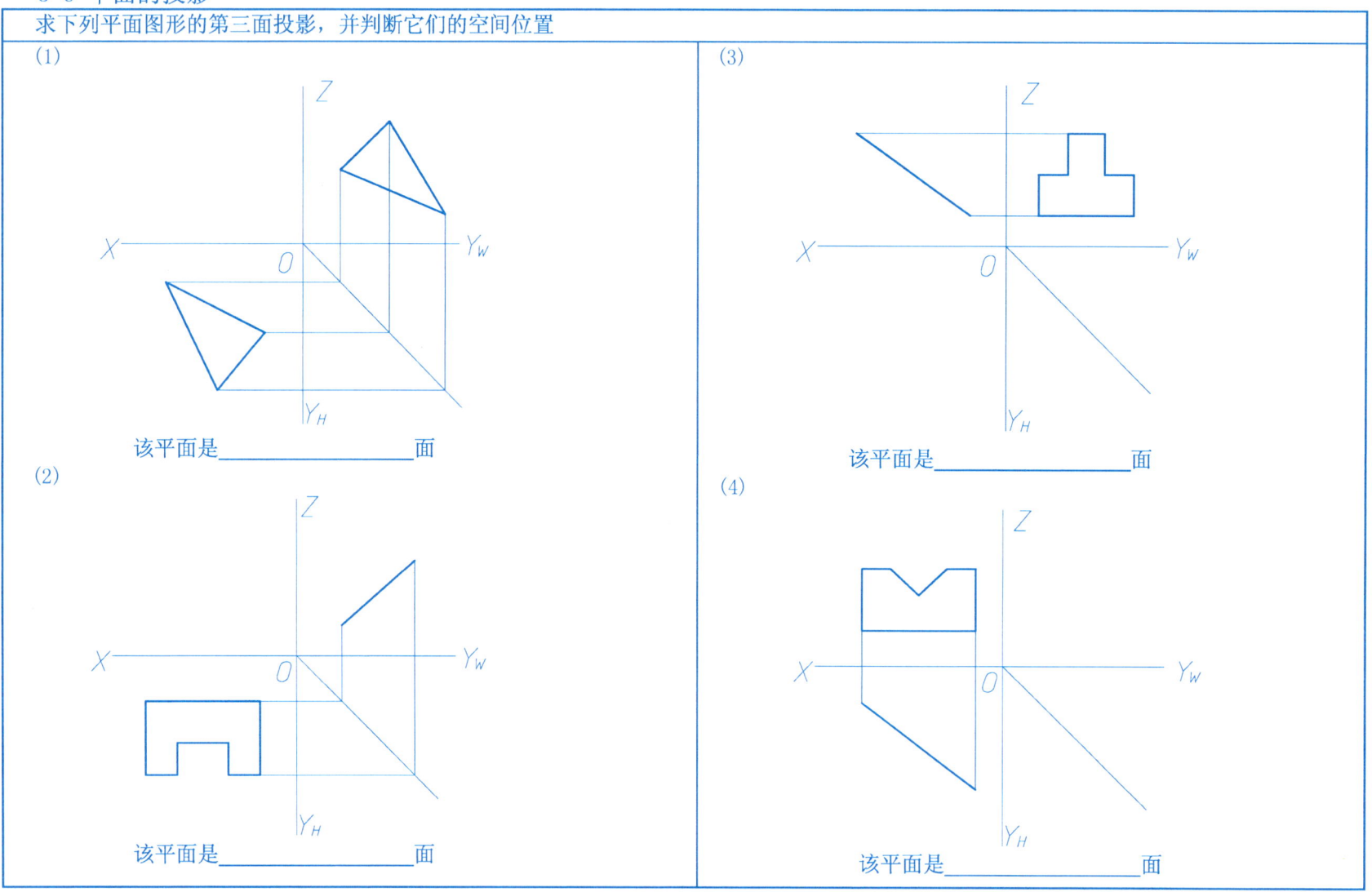

(1) 该平面是_____面

(2) 该平面是_____面

(3) 该平面是_____面

(4) 该平面是_____面

3-7 基本体的三视图

(完成下列基本体的三视图)

1. 三棱柱（宽 20mm）

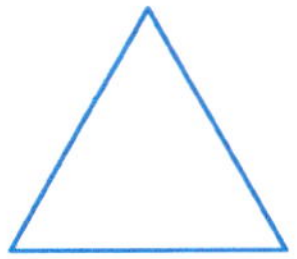

2. 四棱柱（宽 20mm）

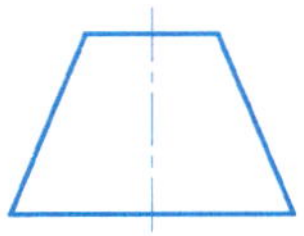

3. 三棱台（宽 20mm）

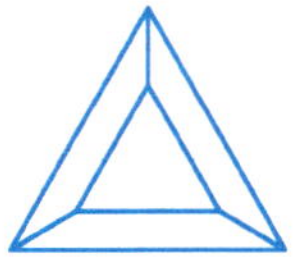

4. 四分之一圆柱（宽 20mm）

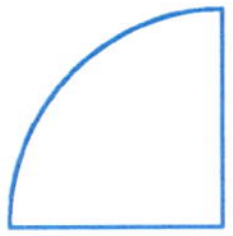

5. 四分之一圆台（宽 20mm）

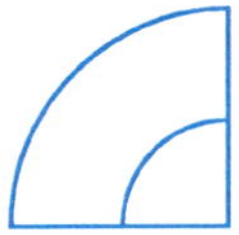

6. 四分之一球

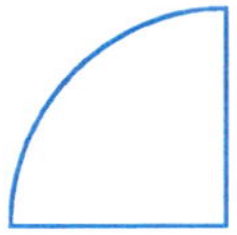

3-8 基本体的补图与标注

完成下列基本体的补图与标注(尺寸数值从图中1:1量取，取整)

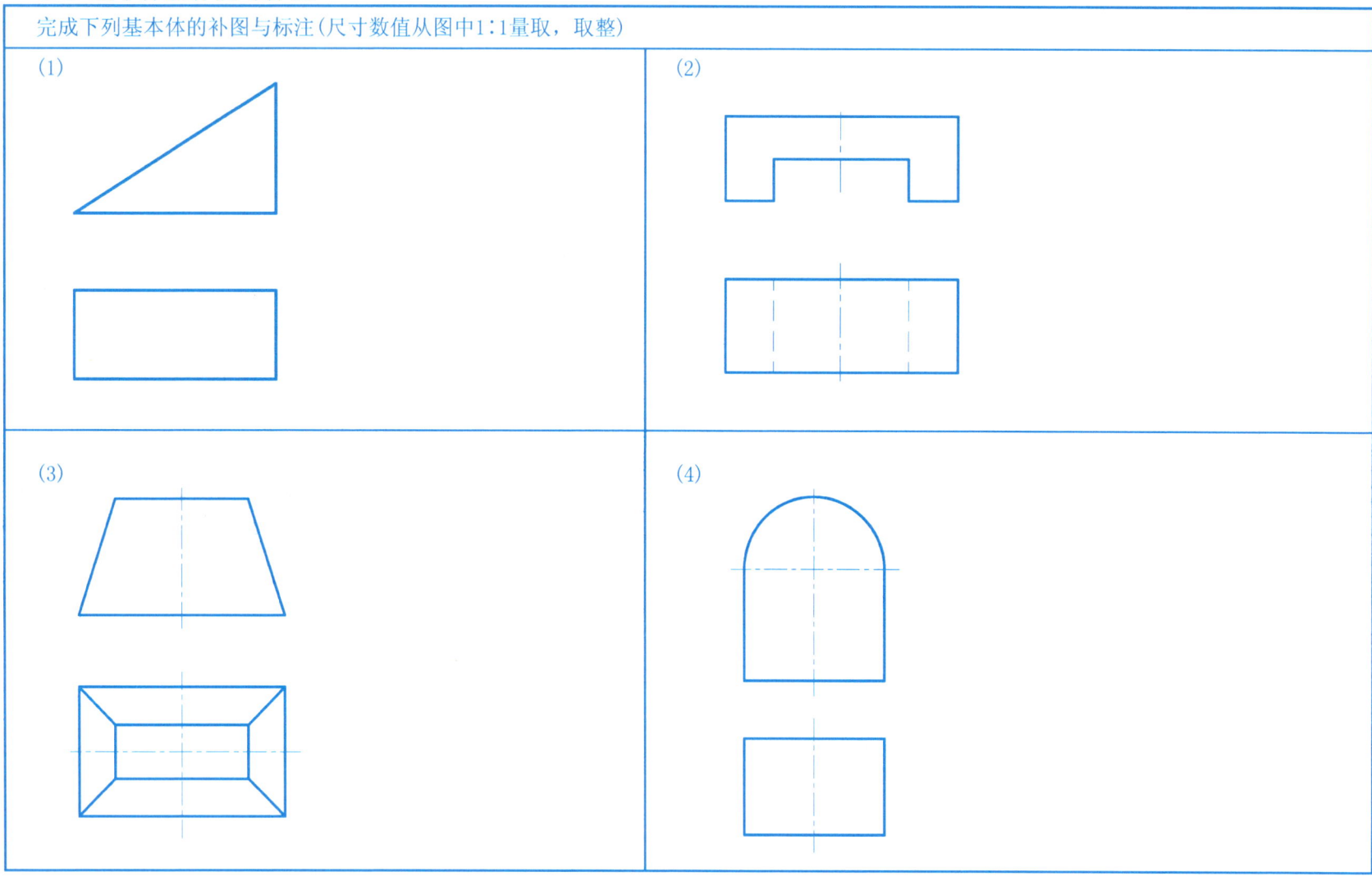

3-9 基本体的表面取点

补画基本体第三视图，并作出表面上点的三面投影

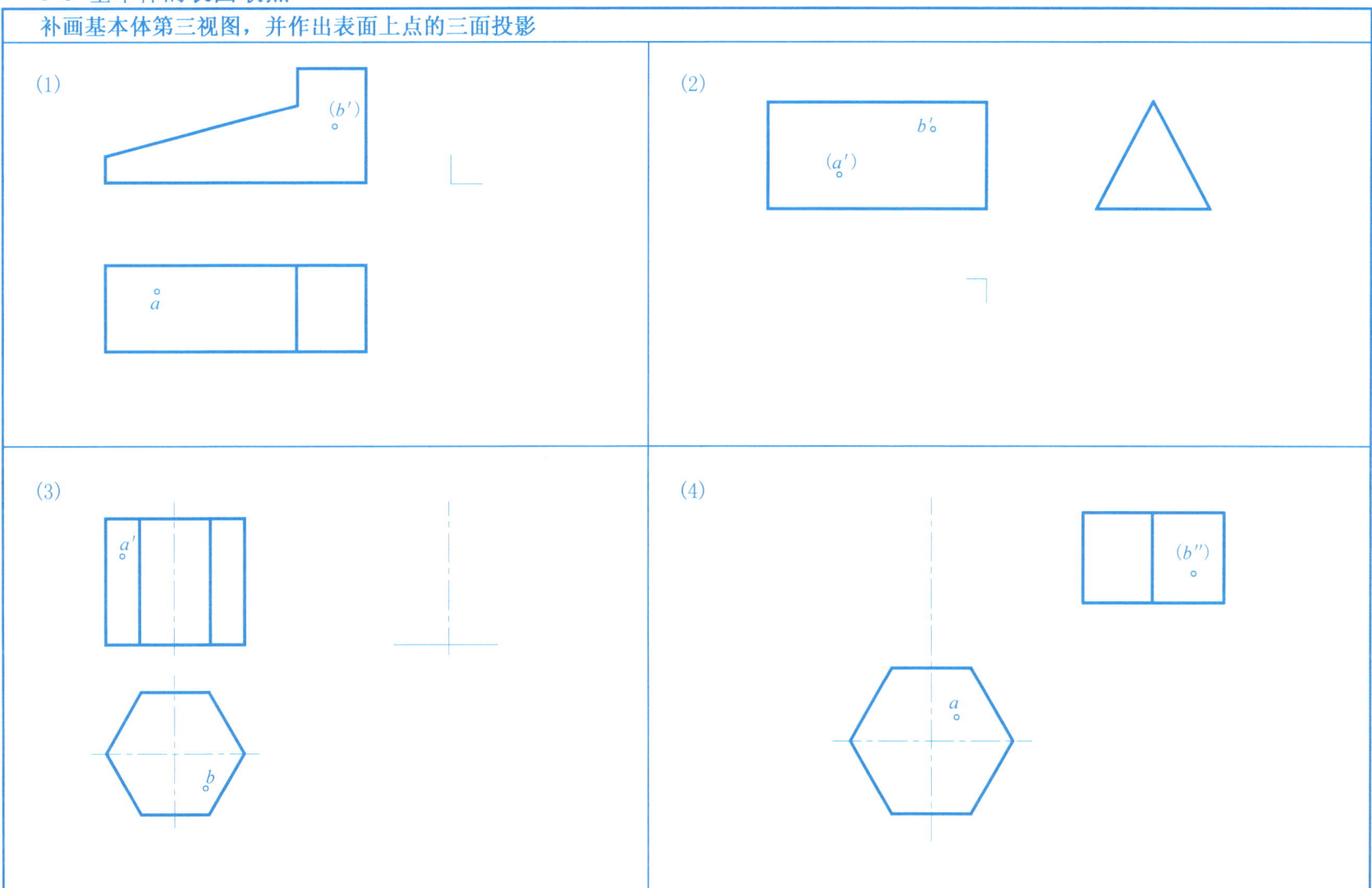

3-9 基本体的表面取点

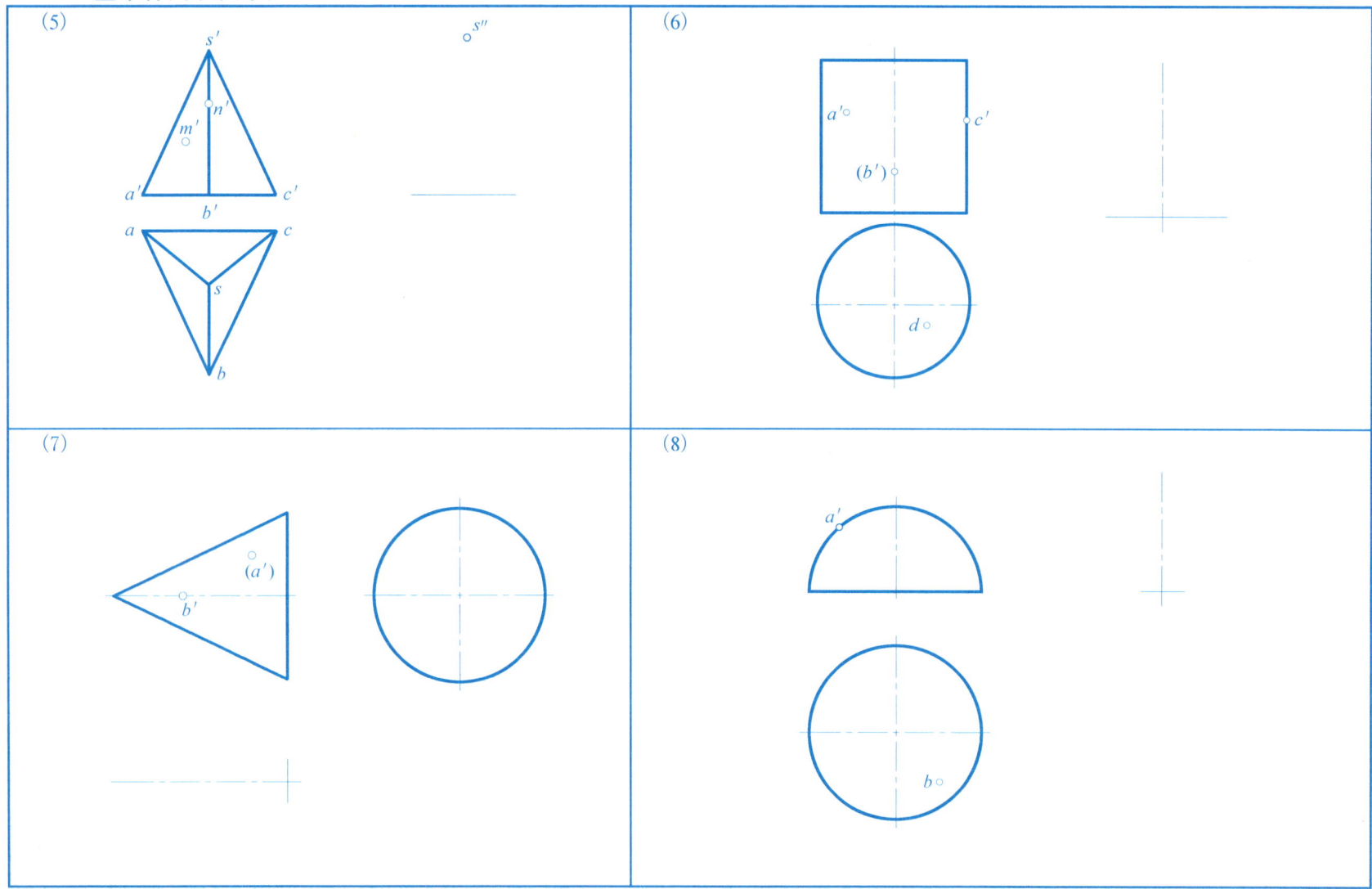

3-10 用细点画线，补画视图中缺漏的中心线或轴线、对称线

(1)

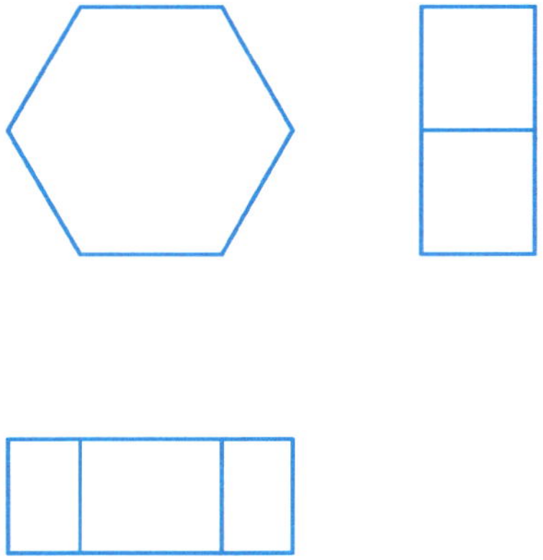

(2)

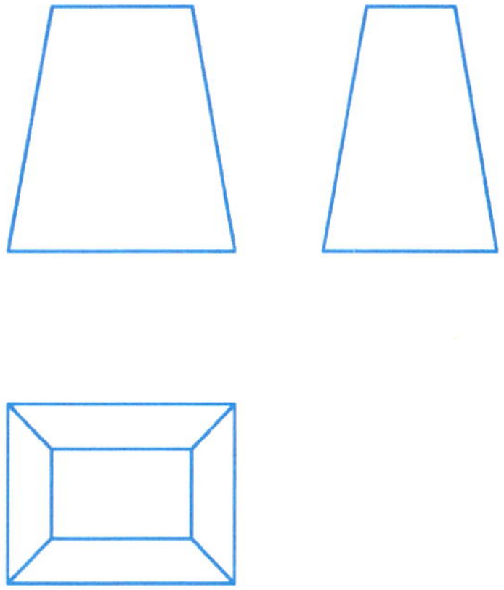

(3)

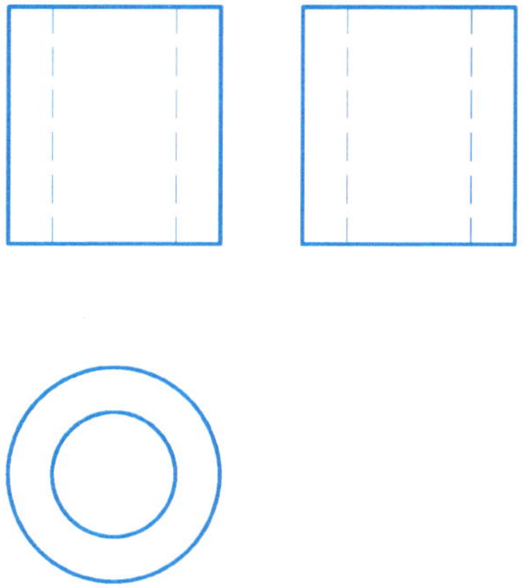

(4)

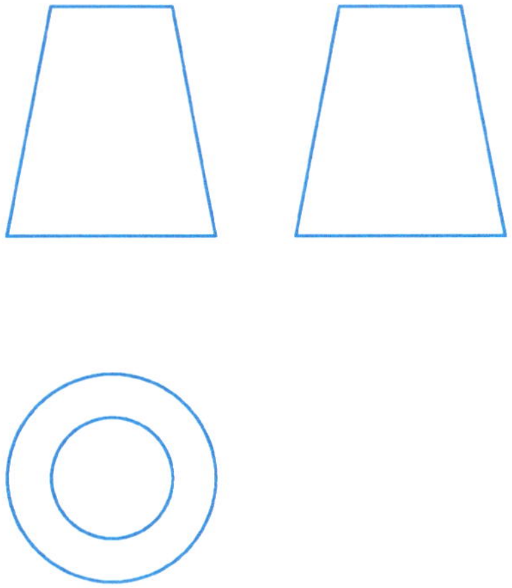

(5)

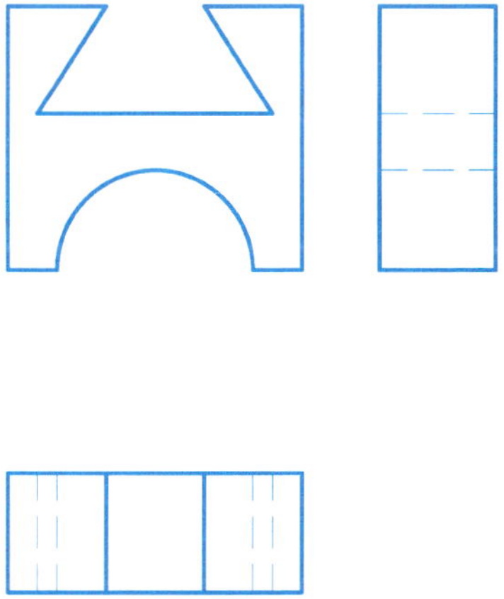

(6)

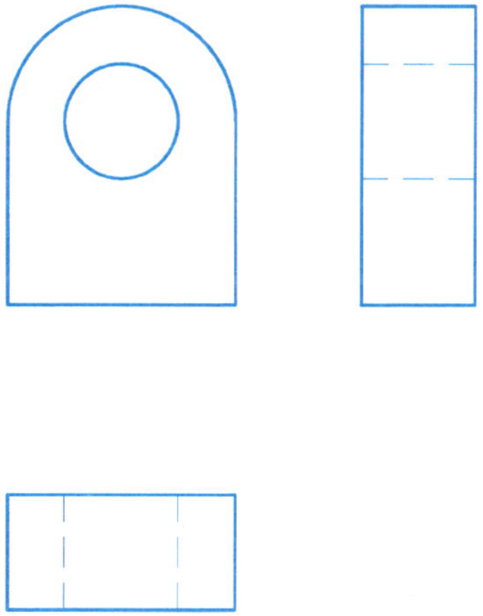

3-11 截交线

补画第三视图

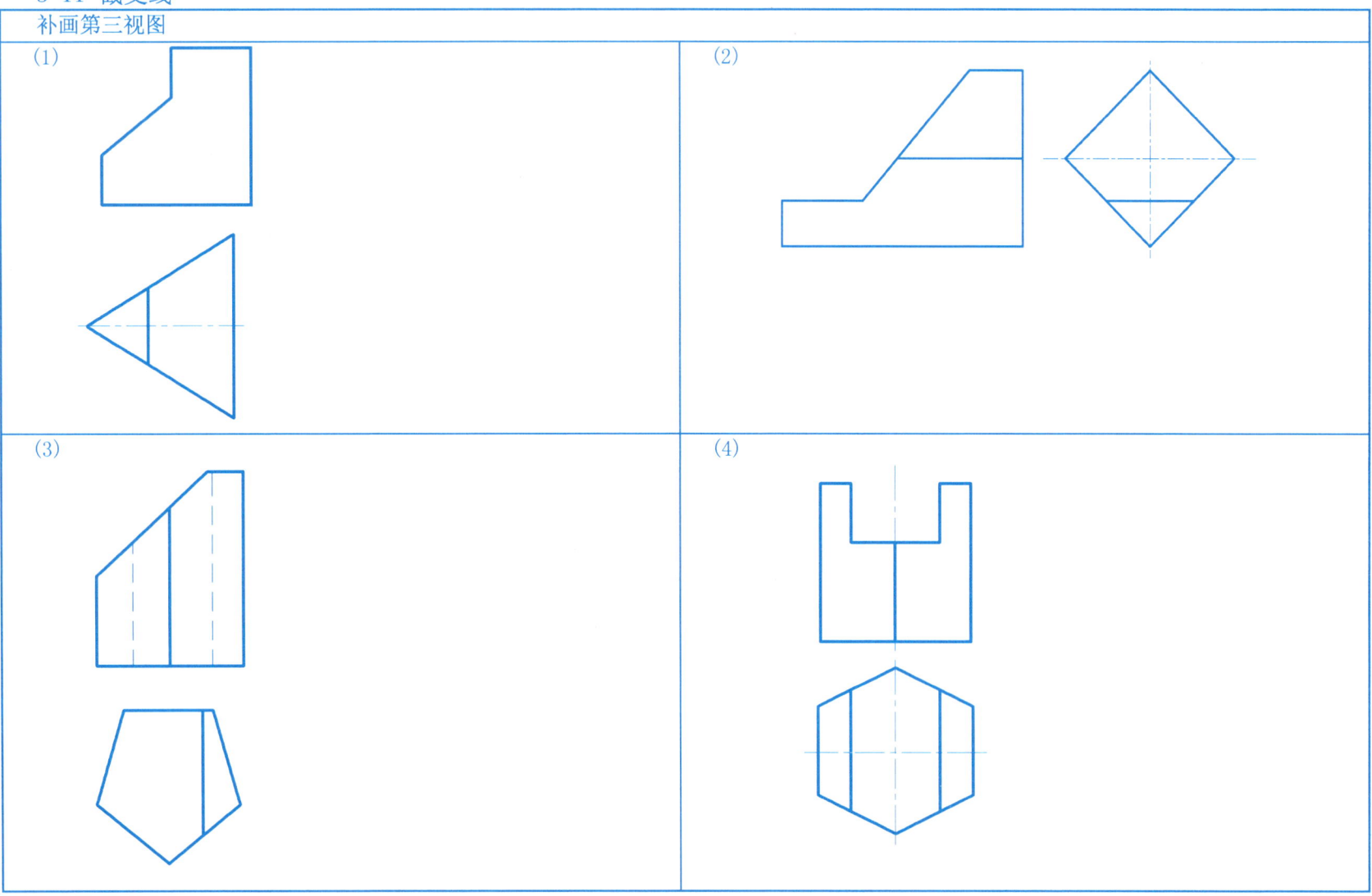

3-11 截交线

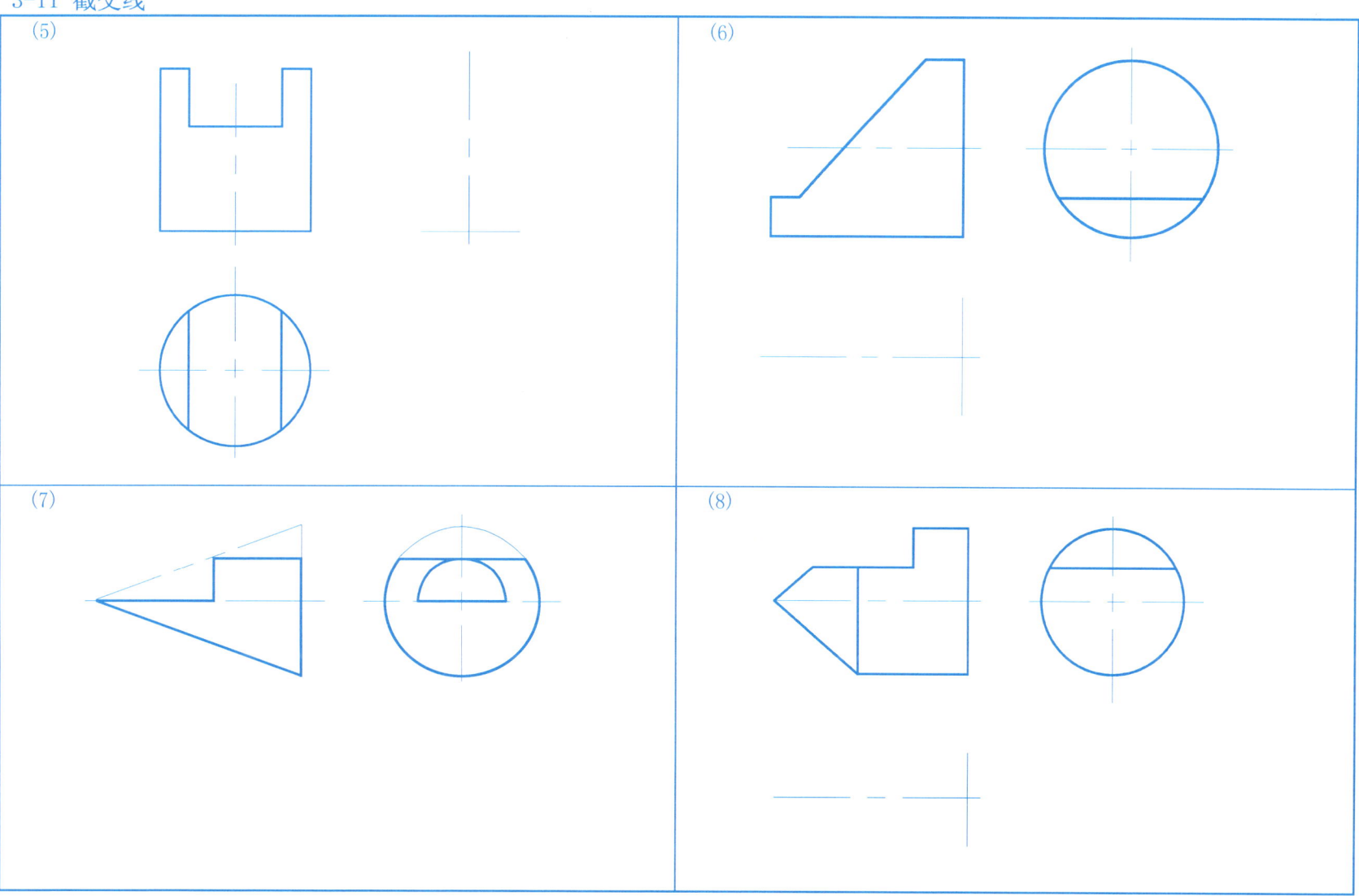

3-11 截交线

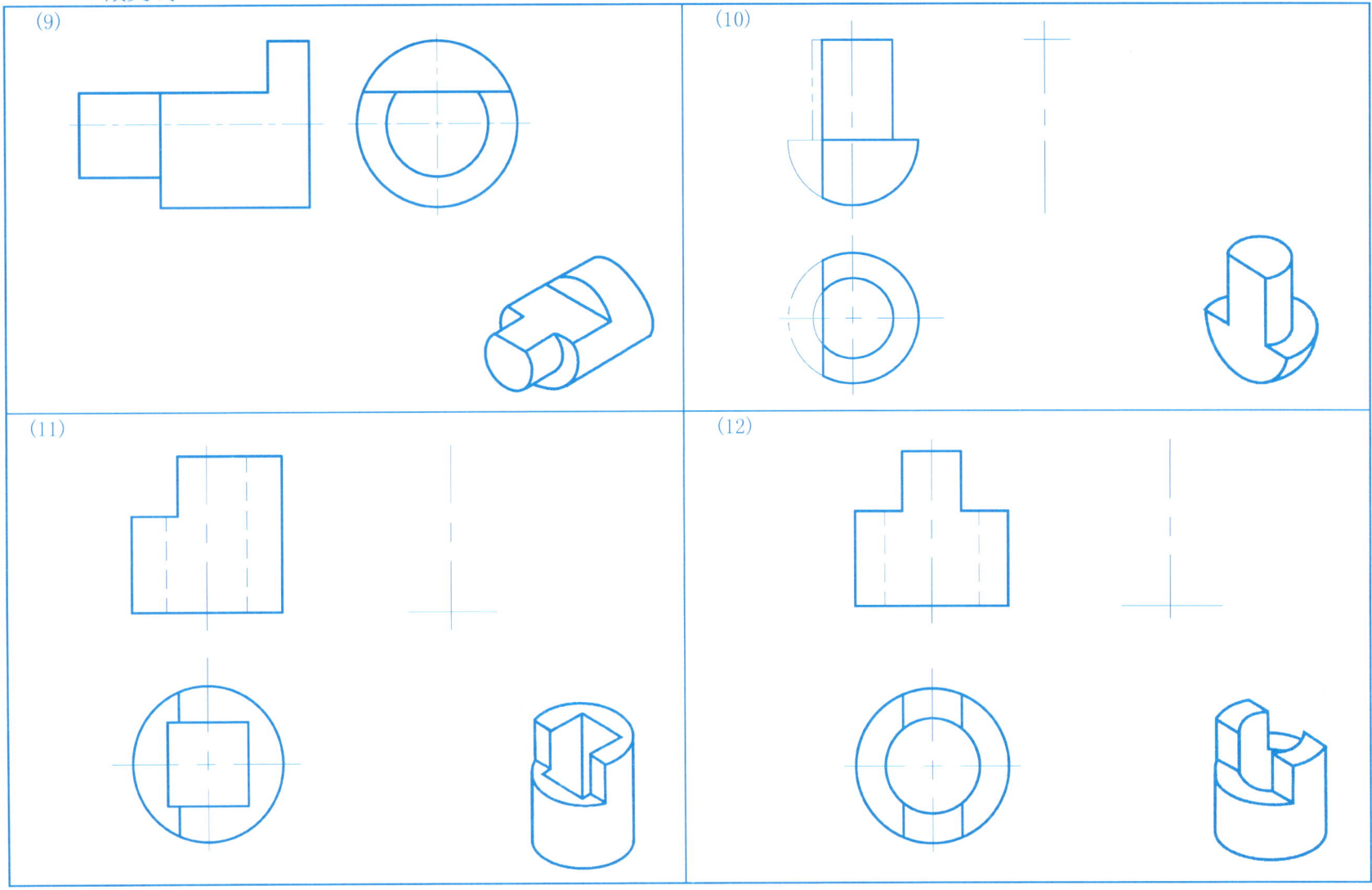

模块四 轴测图

4-1 正等轴测图

根据已知视图，绘制正等轴测图（尺寸从视图中按 1:1 比例量取）

(1)

(2)

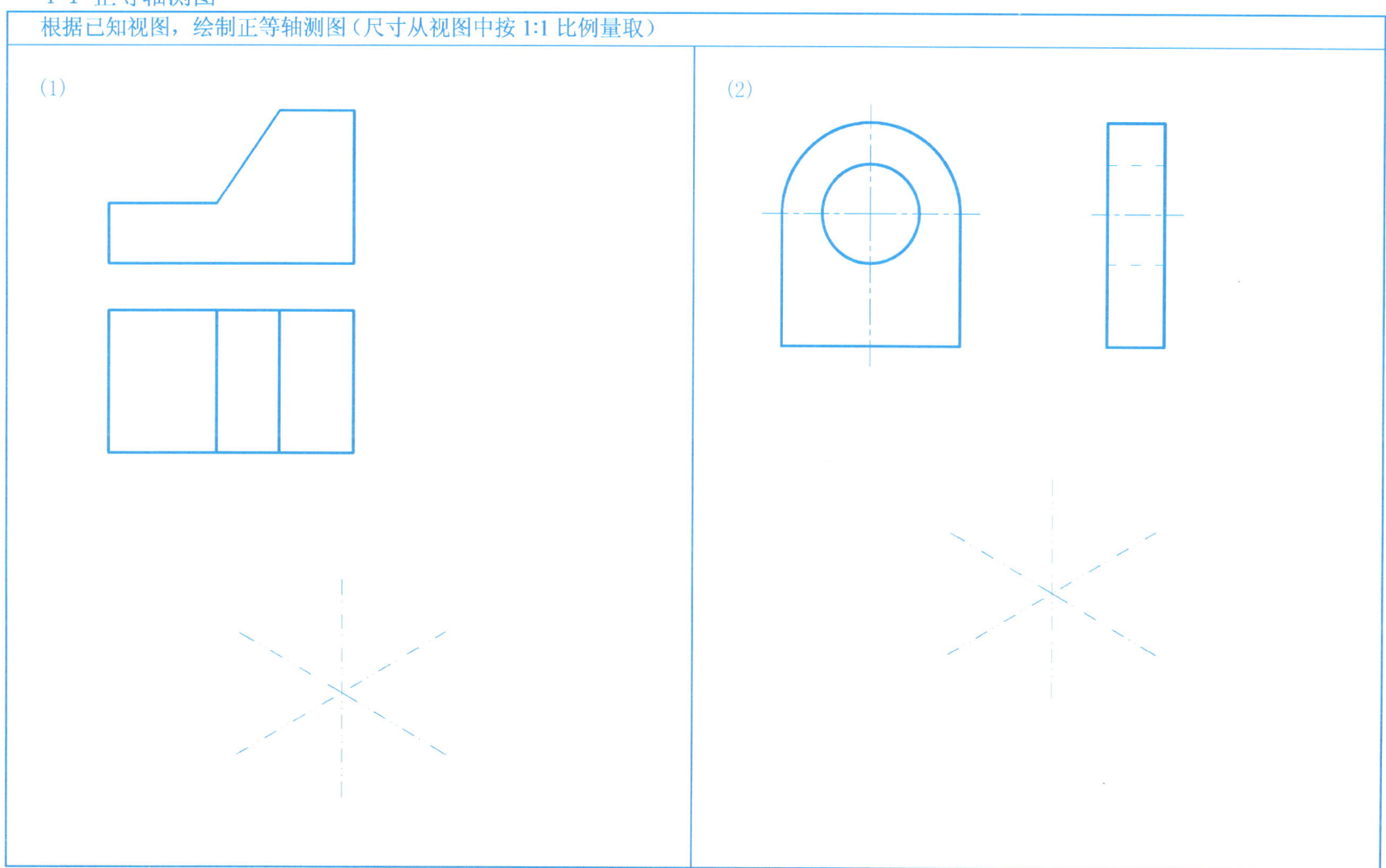

4-1 正等轴测图

(3)

(4)

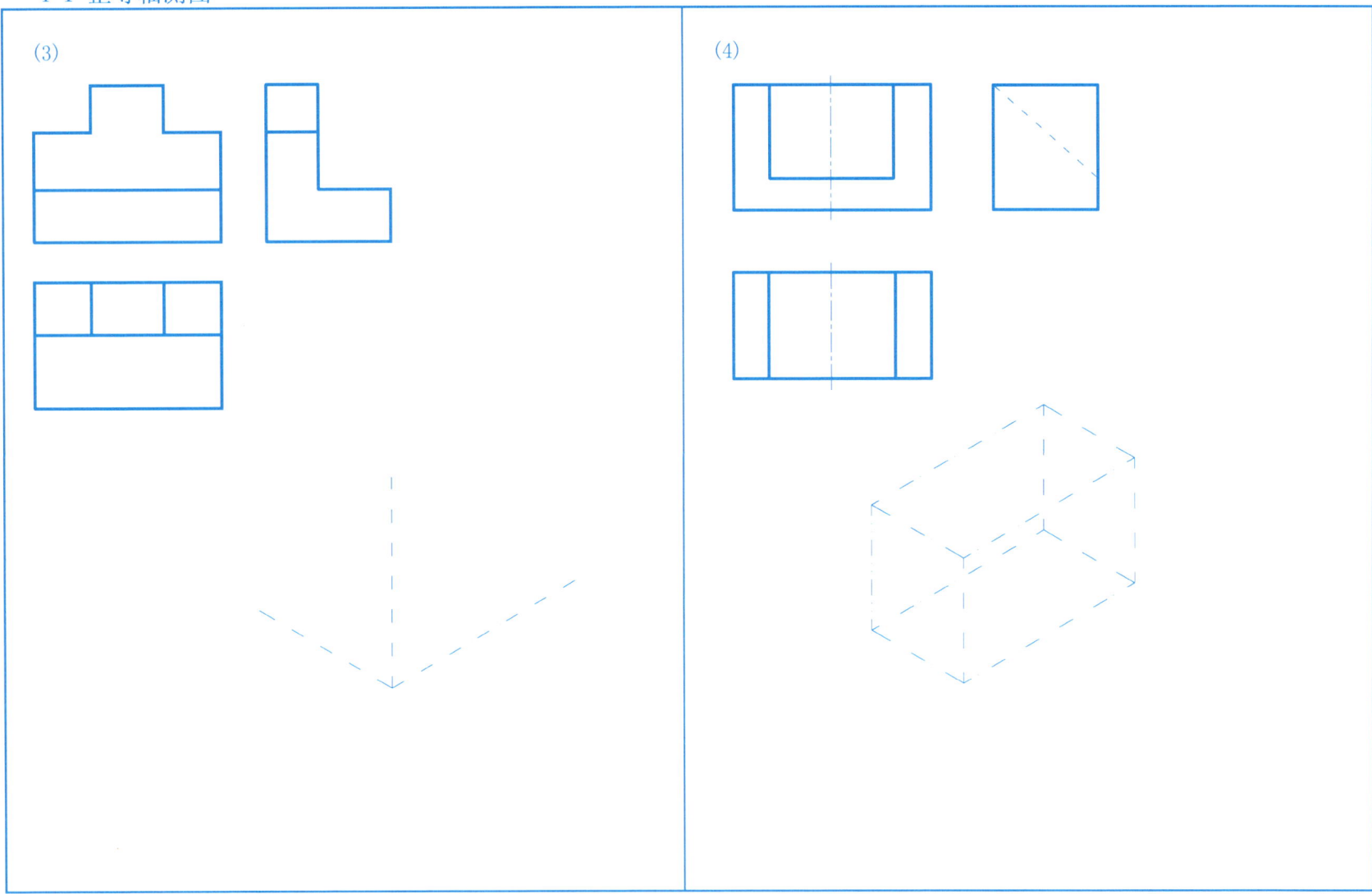

30

4-1 正等轴测图

(5)

(6)

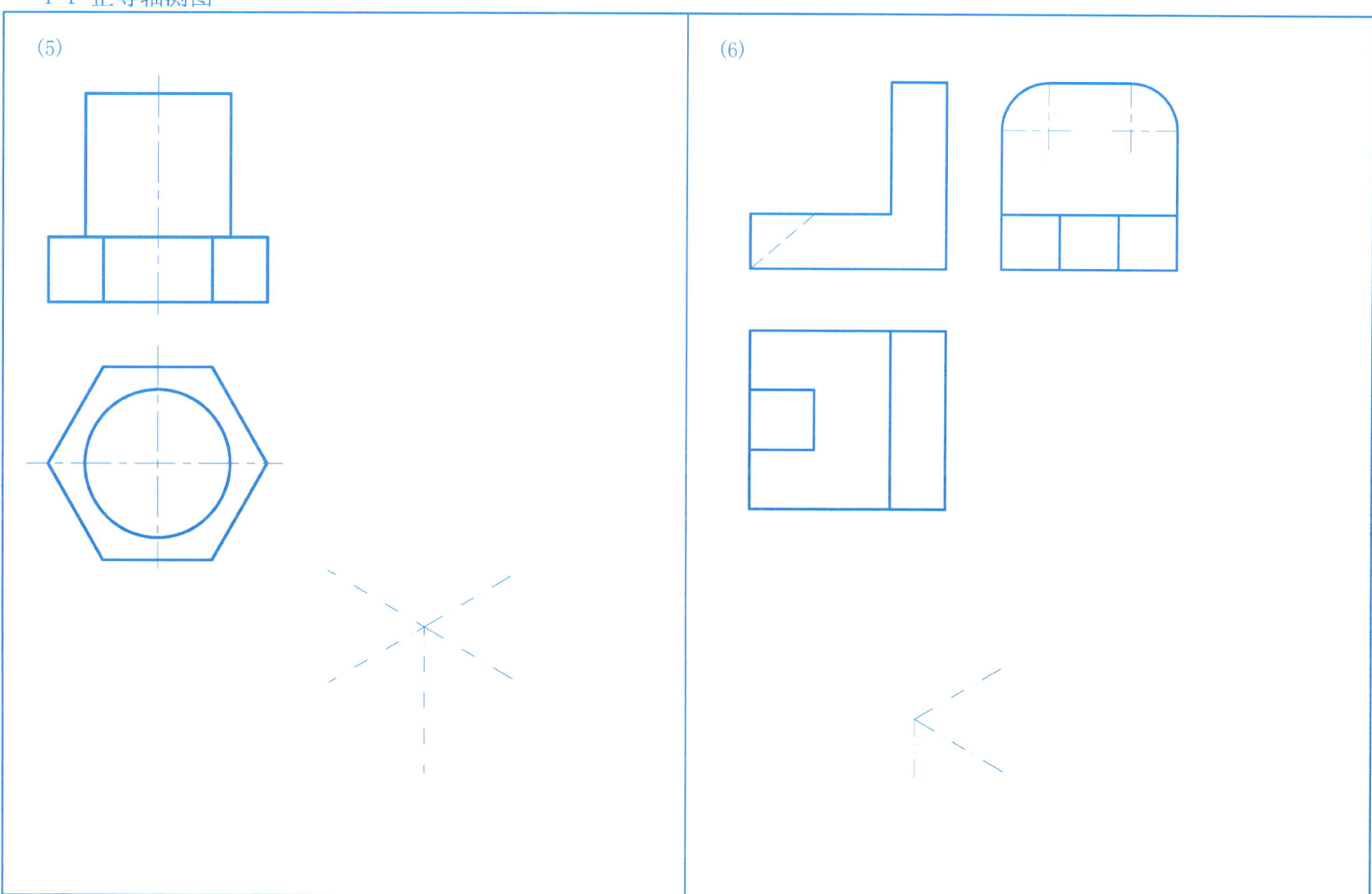

4-1 正等轴测图

(7)

(8)

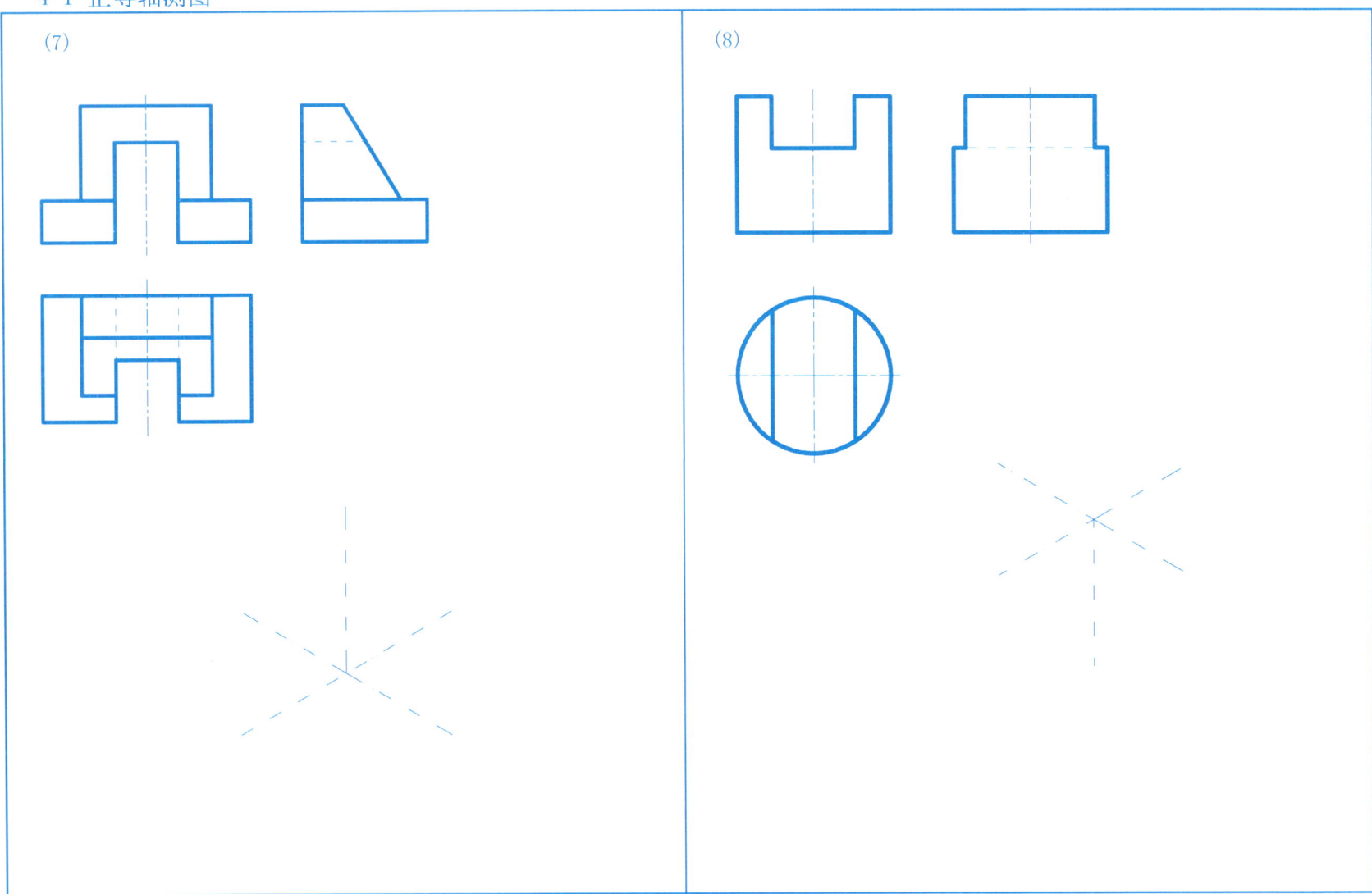

4-2 斜二等轴测图

根据视图绘制斜二等轴测图（尺寸从视图中按 1∶1 比例量取，注意 Y 轴方向尺寸减半）

(1)

(2)

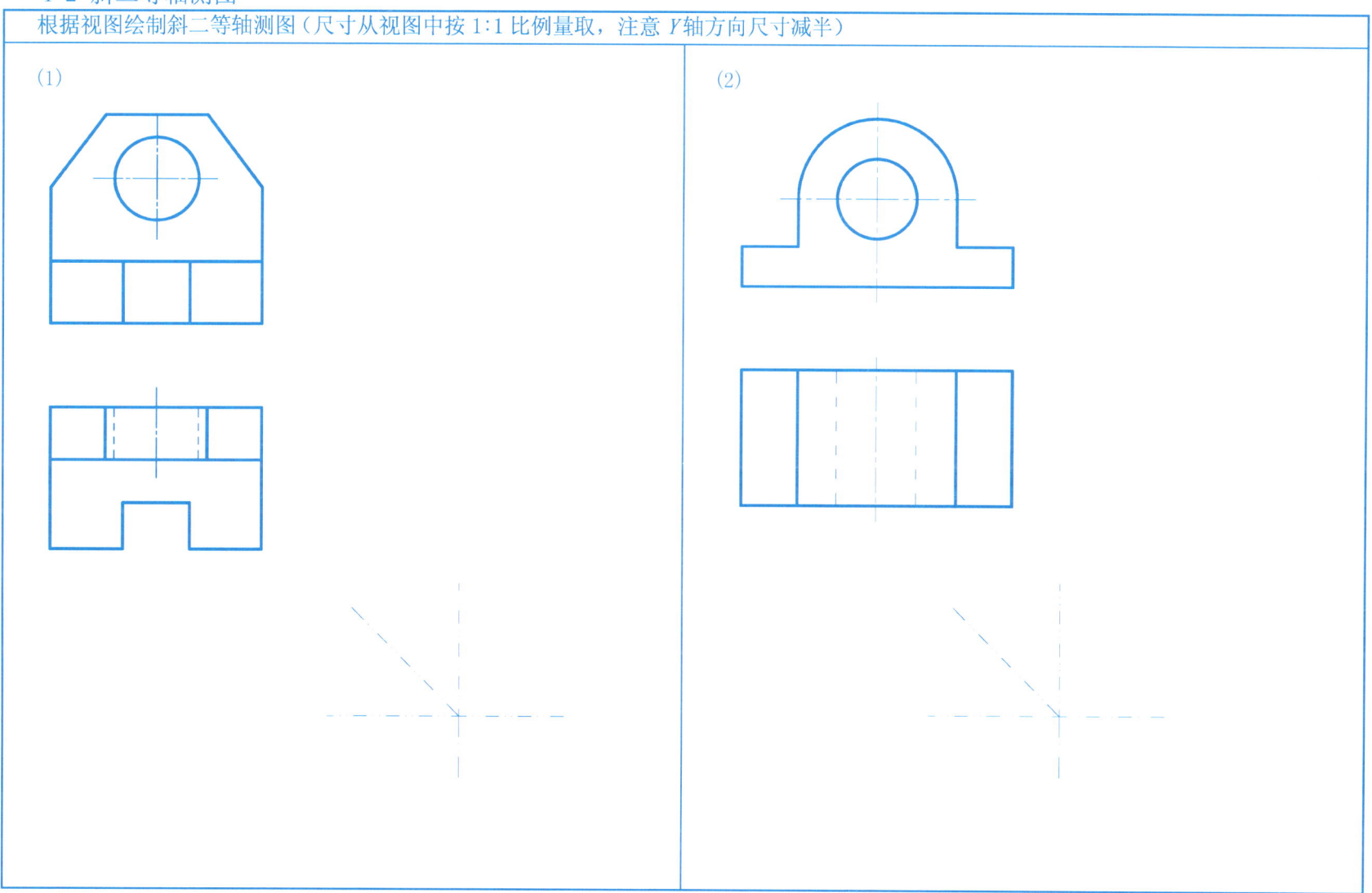

4-2 斜二等轴测图

(3)

(4)

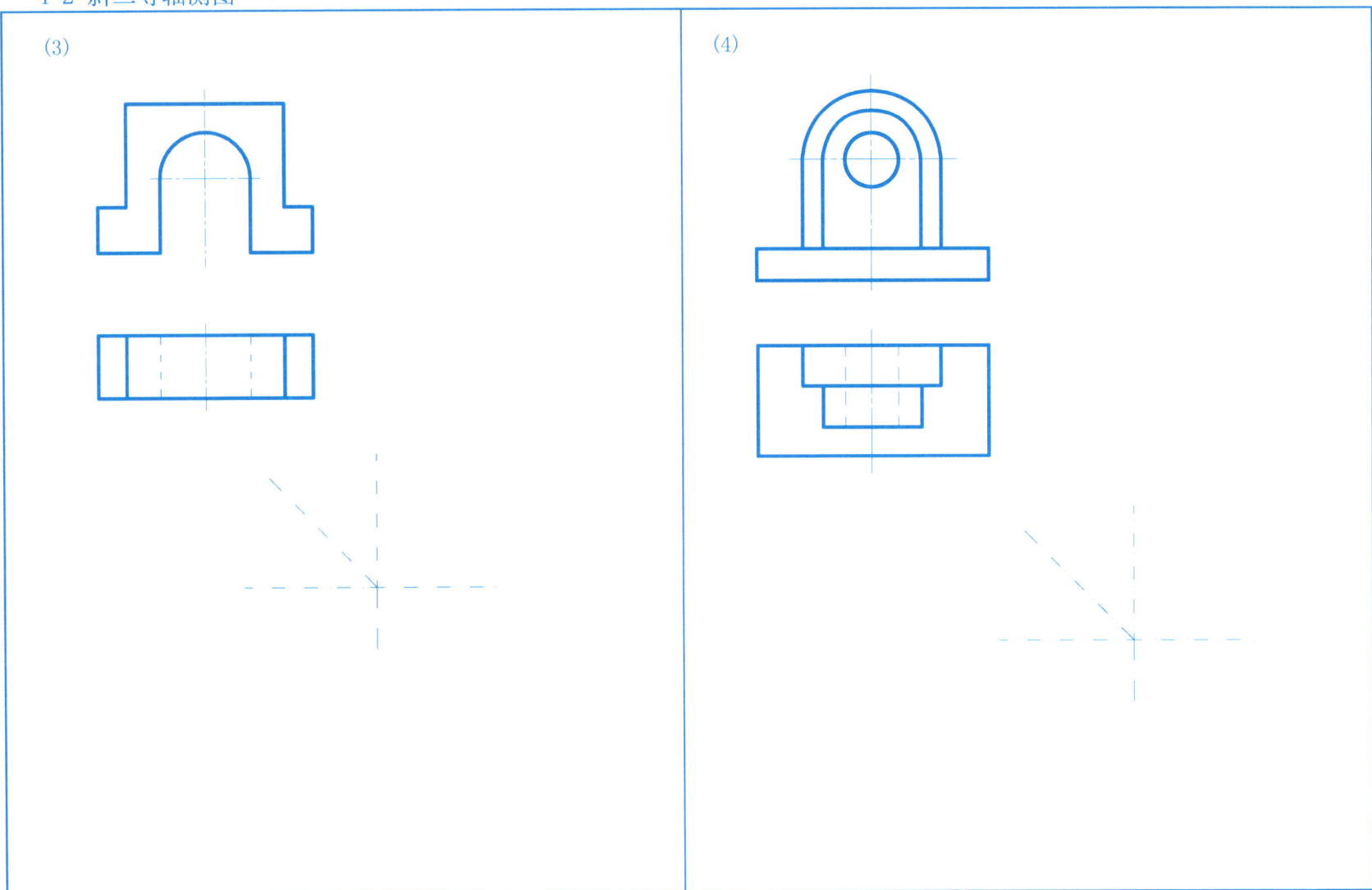

34

模块五 组合体的视图

5-1 画组合体的视图

根据轴测图，画组合体的三视图（尺寸从图中量取，孔均为通孔）

(1)

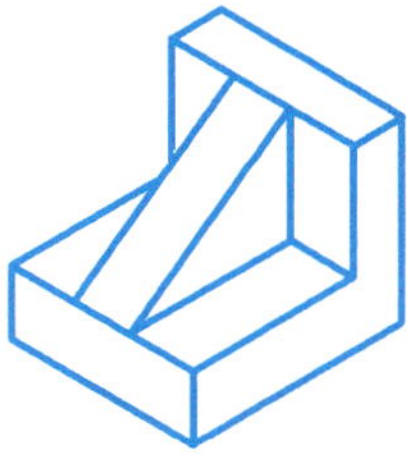

(2)

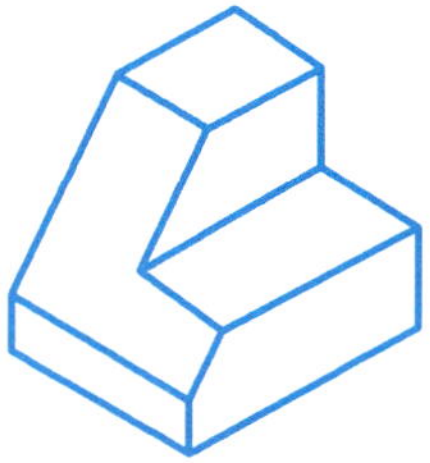

(3)

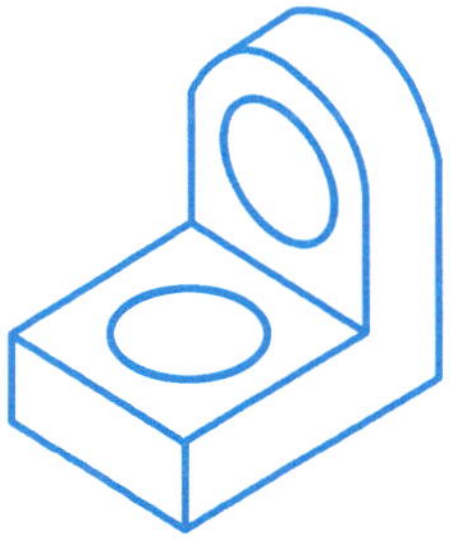

(4)

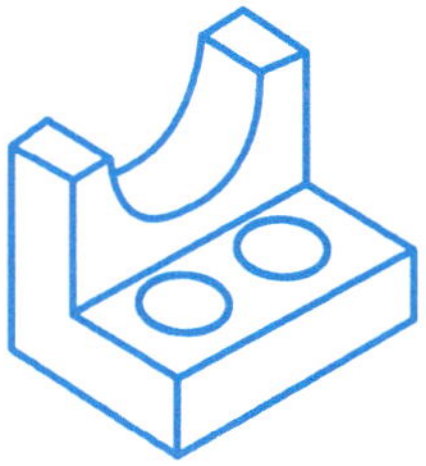

5-1 画组合体的视图

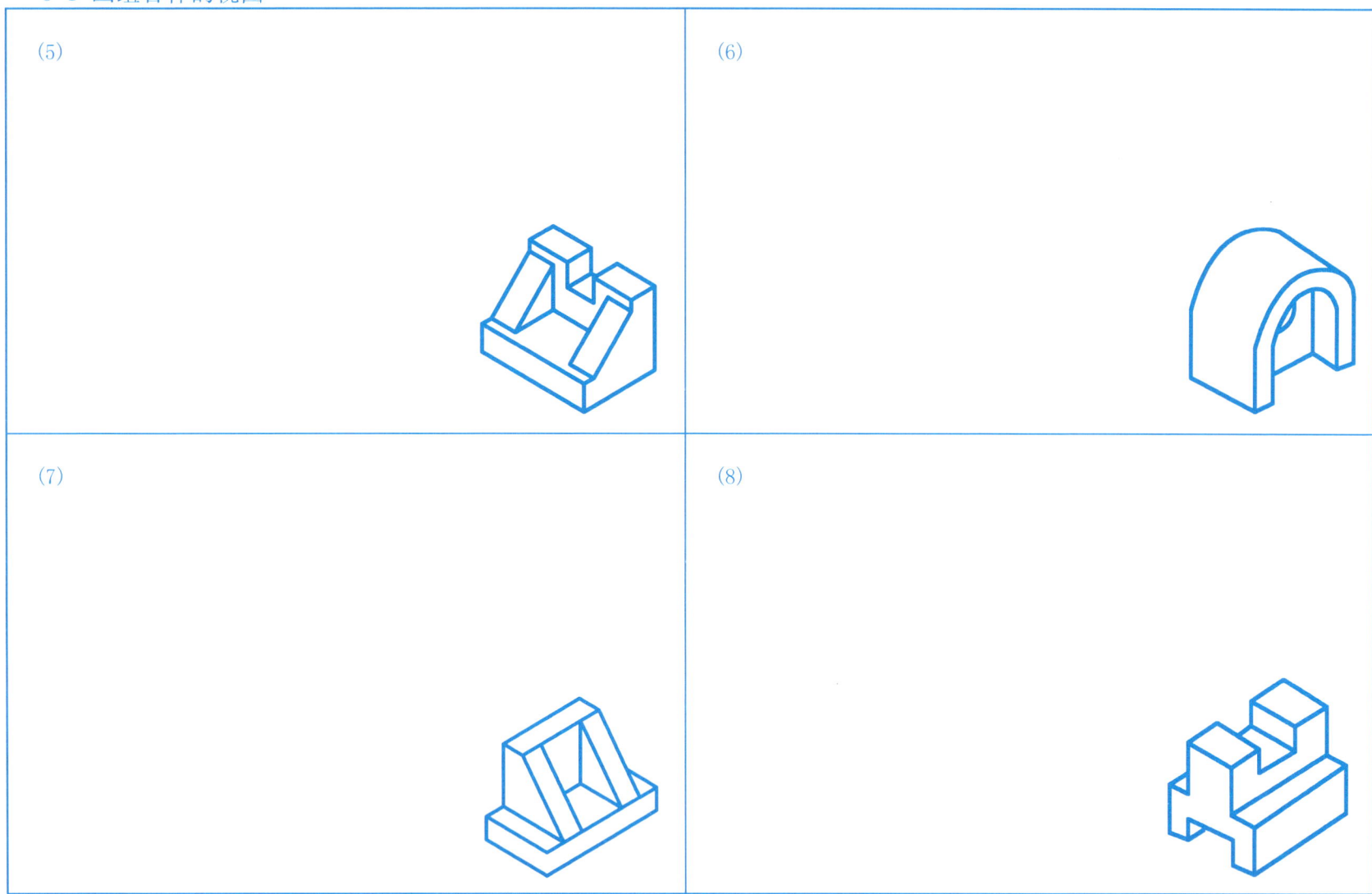

5-1 画组合体的视图

(9)

(10)

(11)

(12)

5-1 画组合体的视图

(13)

(14)

(15)

(16)

5-2 补画组合体视图中缺漏的图线

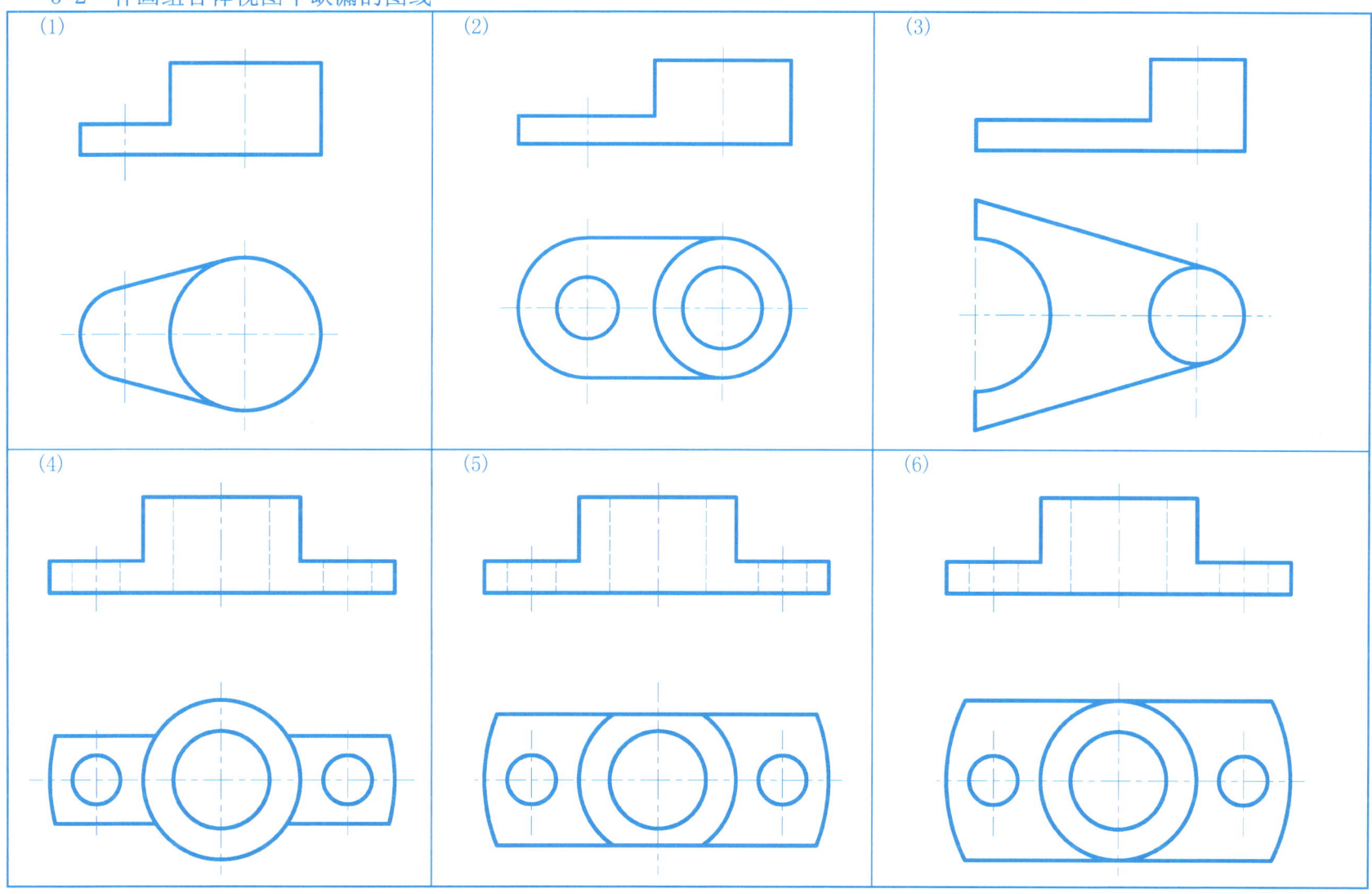

5-3 相贯线

补画视图中的相贯线

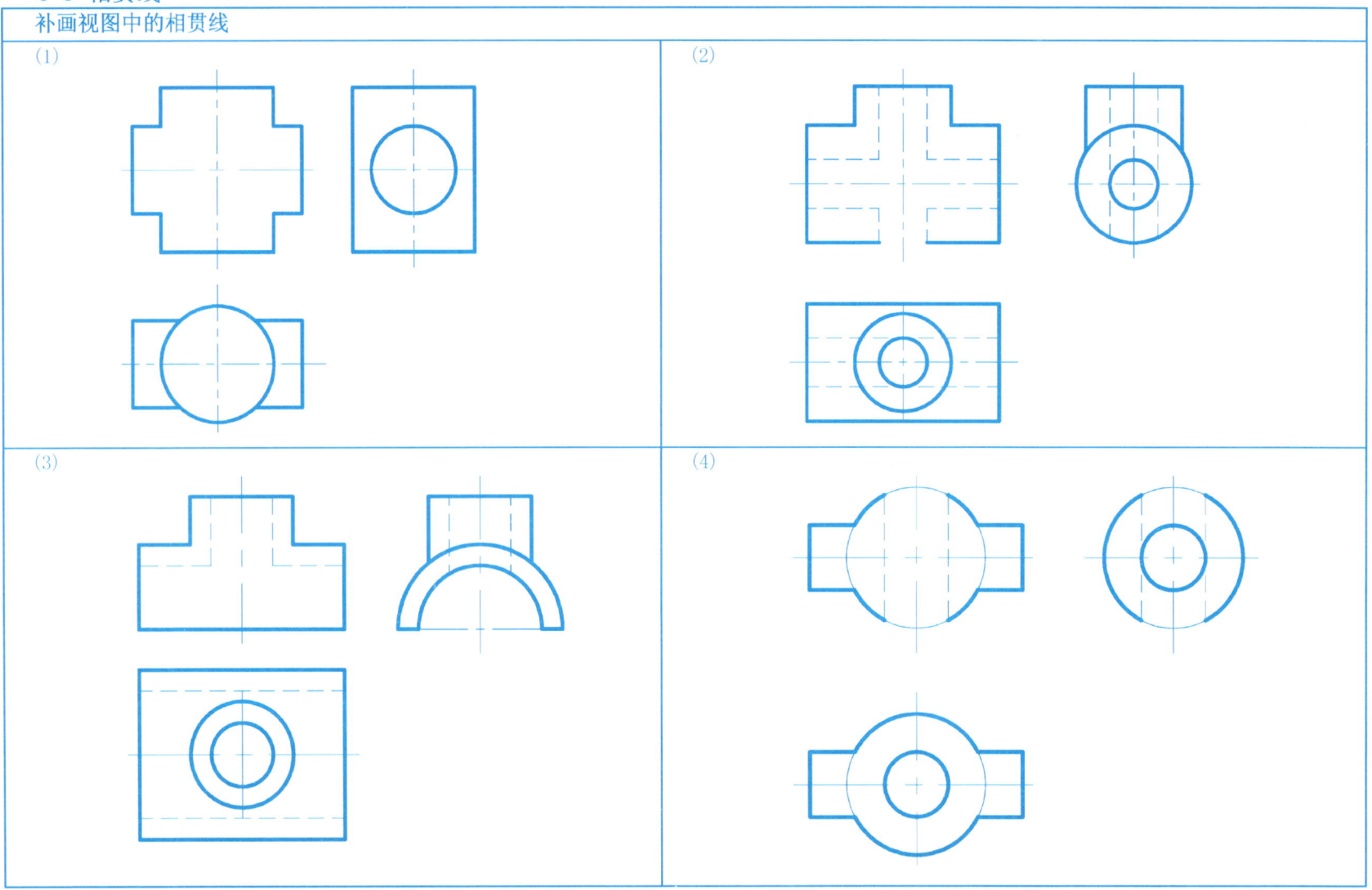

5-3 相贯线

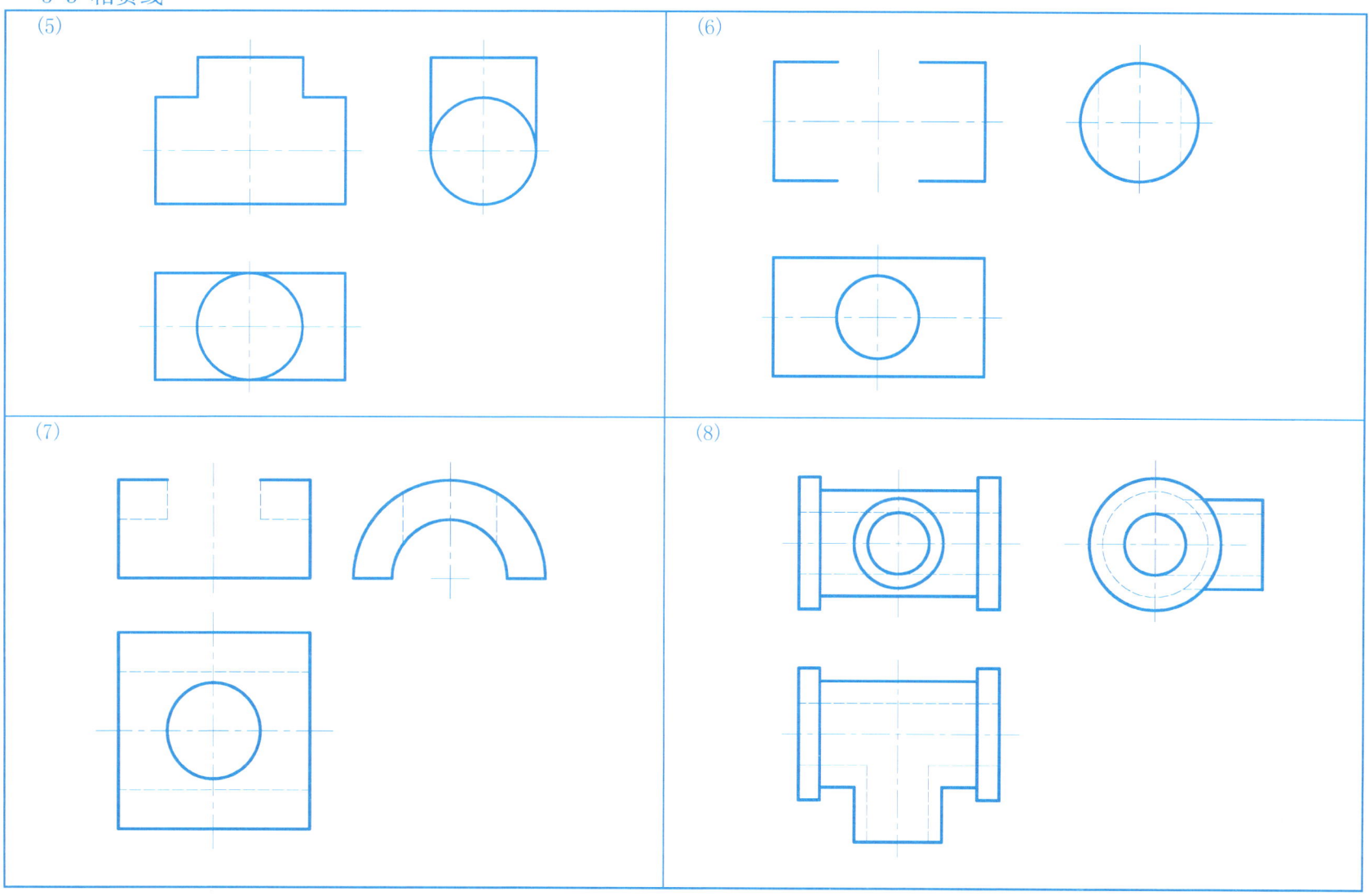

5-4 组合体的尺寸标注

标注下列形体的尺寸（数值按1:1从图中量取，取整）

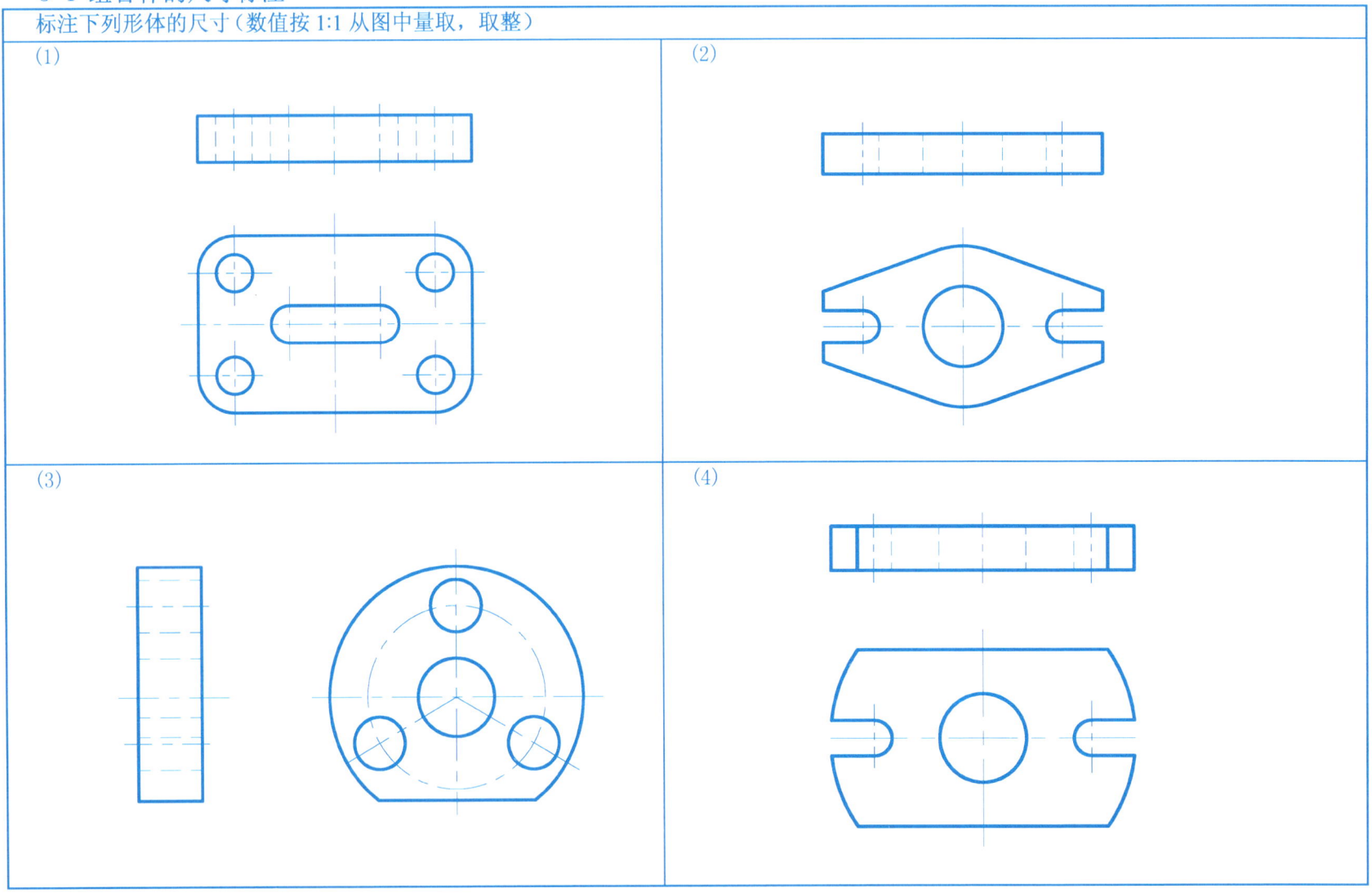

5-4 组合体的尺寸标注

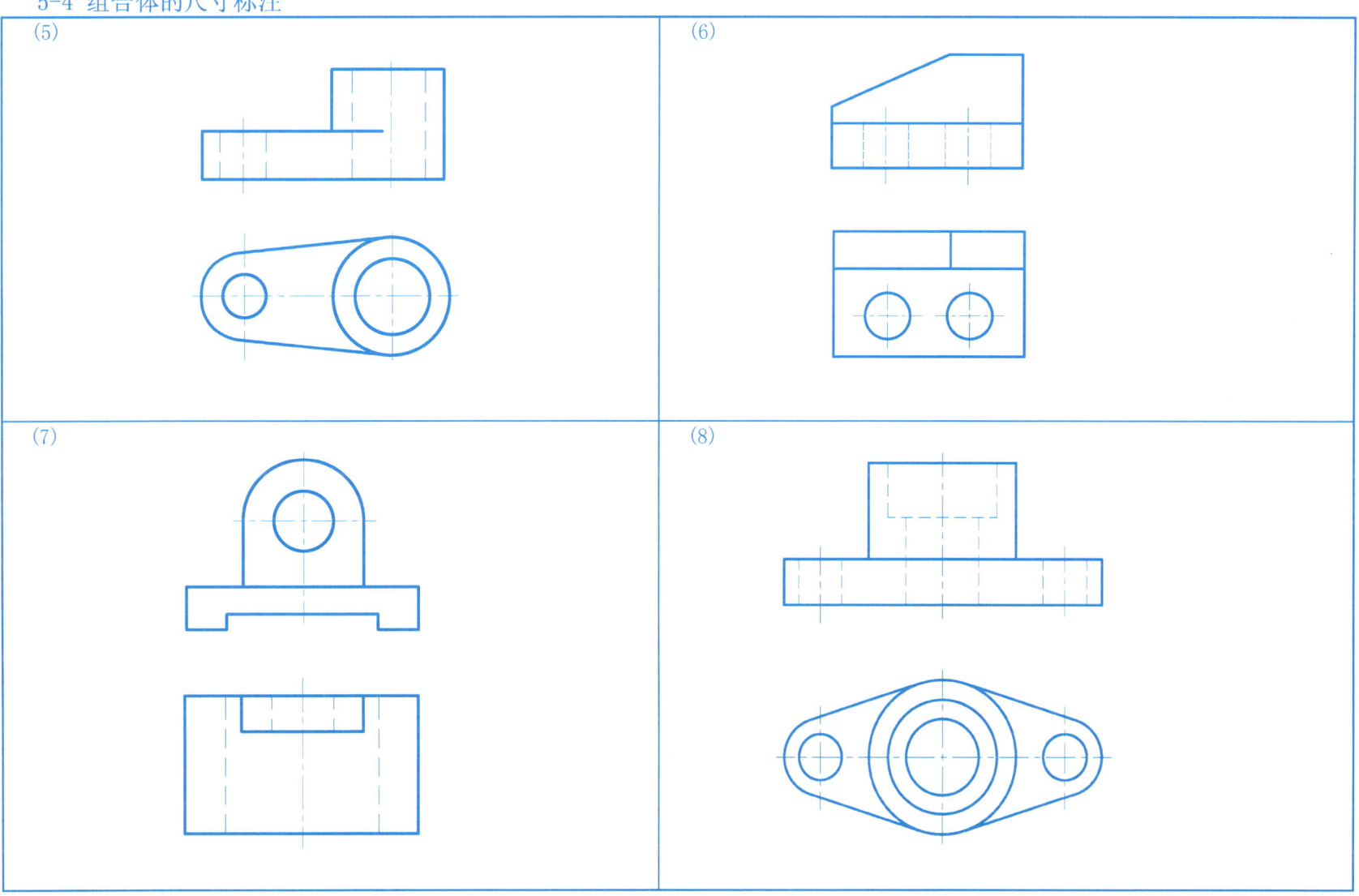

5-5 读组合体视图

1. 根据三视图想象出物体的形状，补全所缺的图线

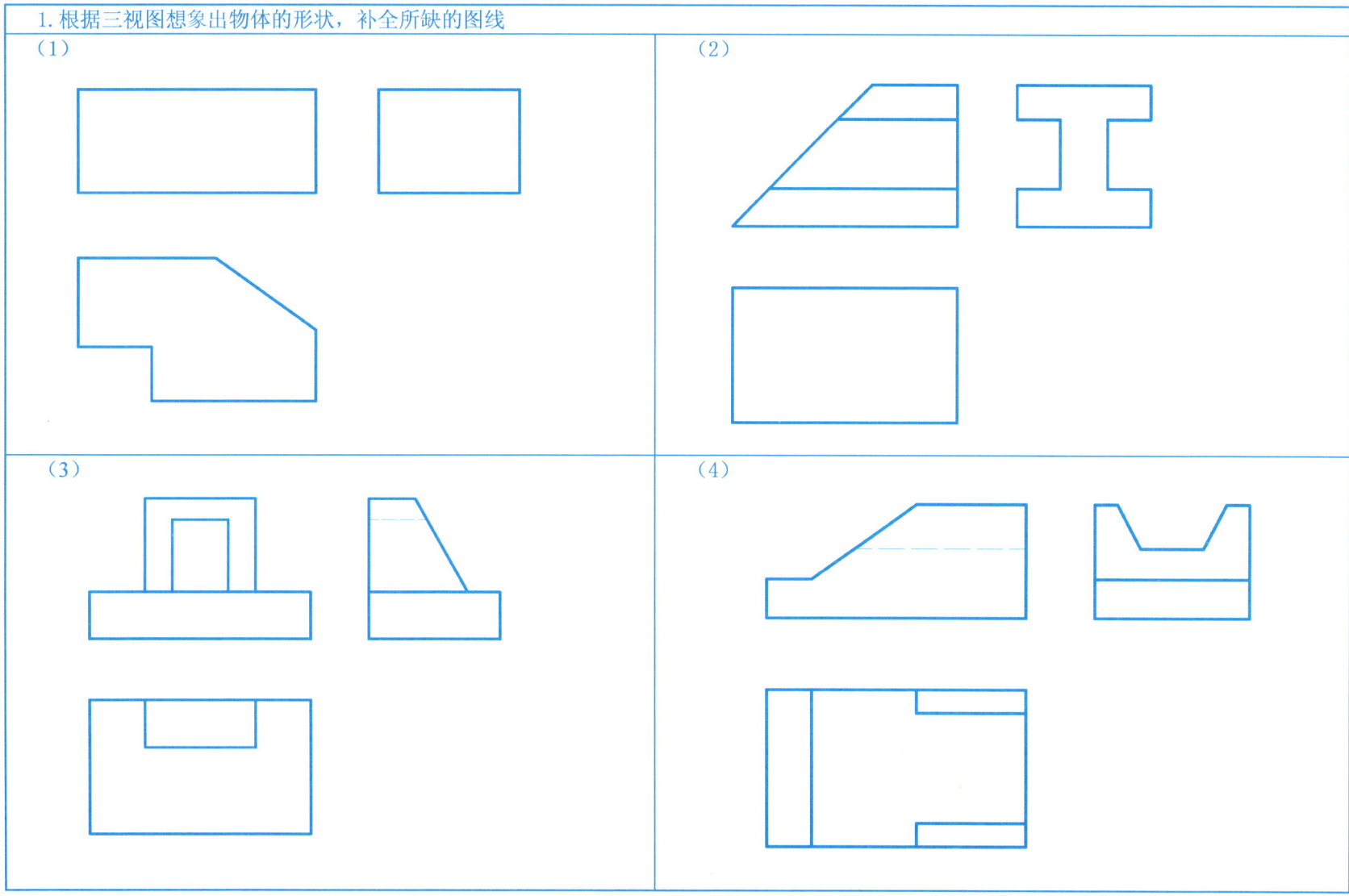

5-5 读组合体视图

2. 根据已知视图，画出下列组合体的第三视图

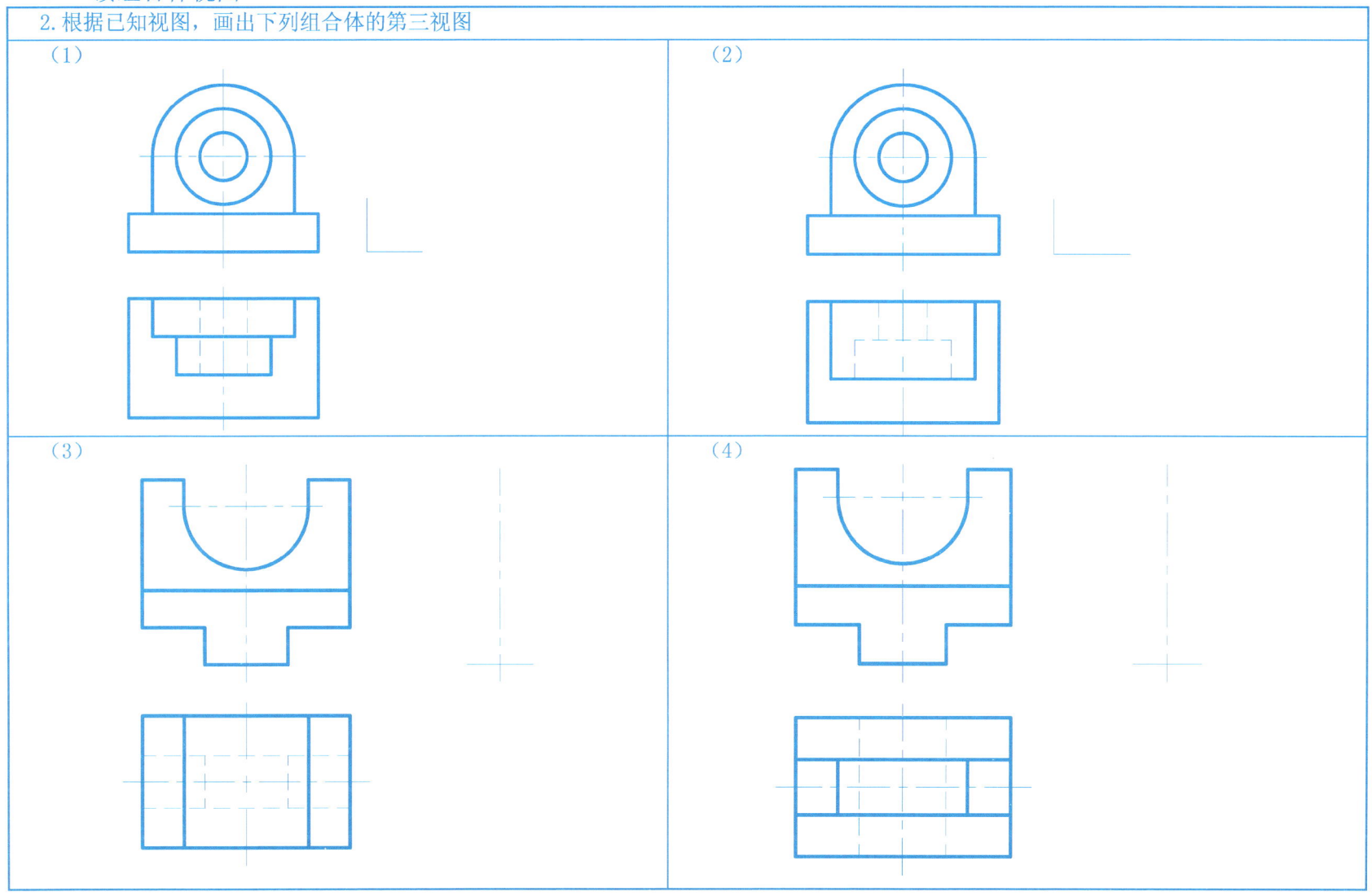

5-5 读组合体视图

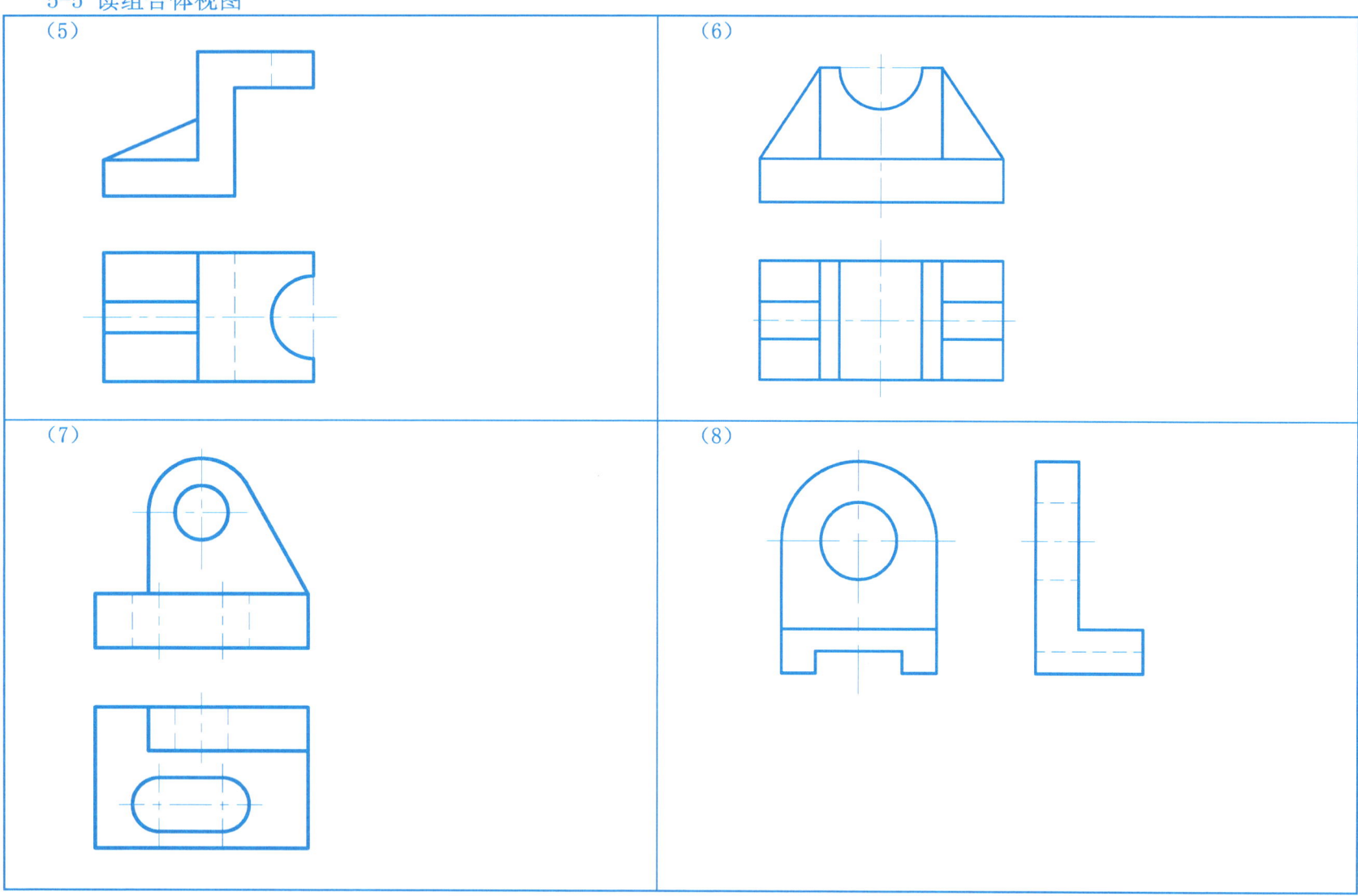

5-5 读组合体视图

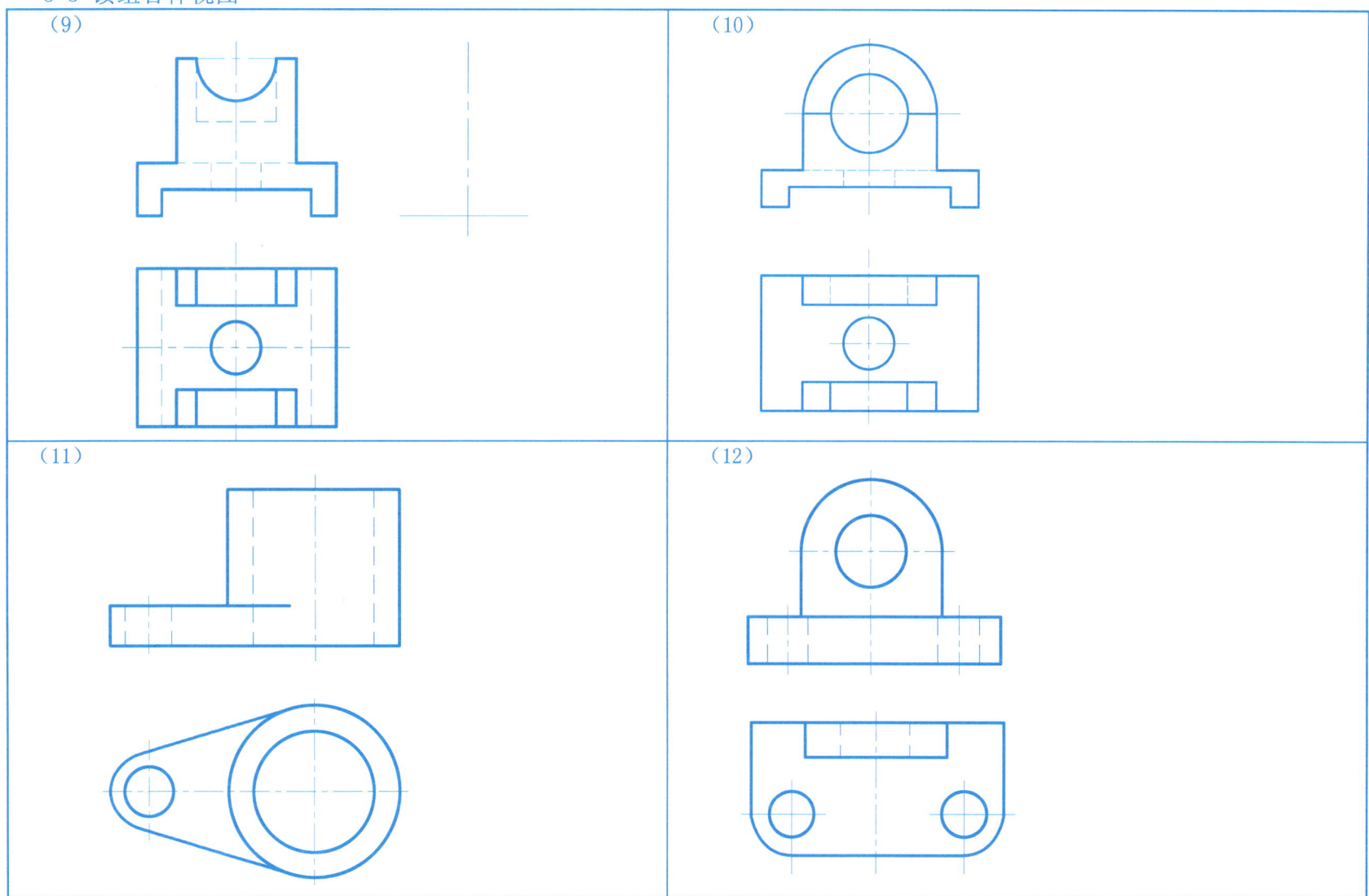

5-5 读组合体视图

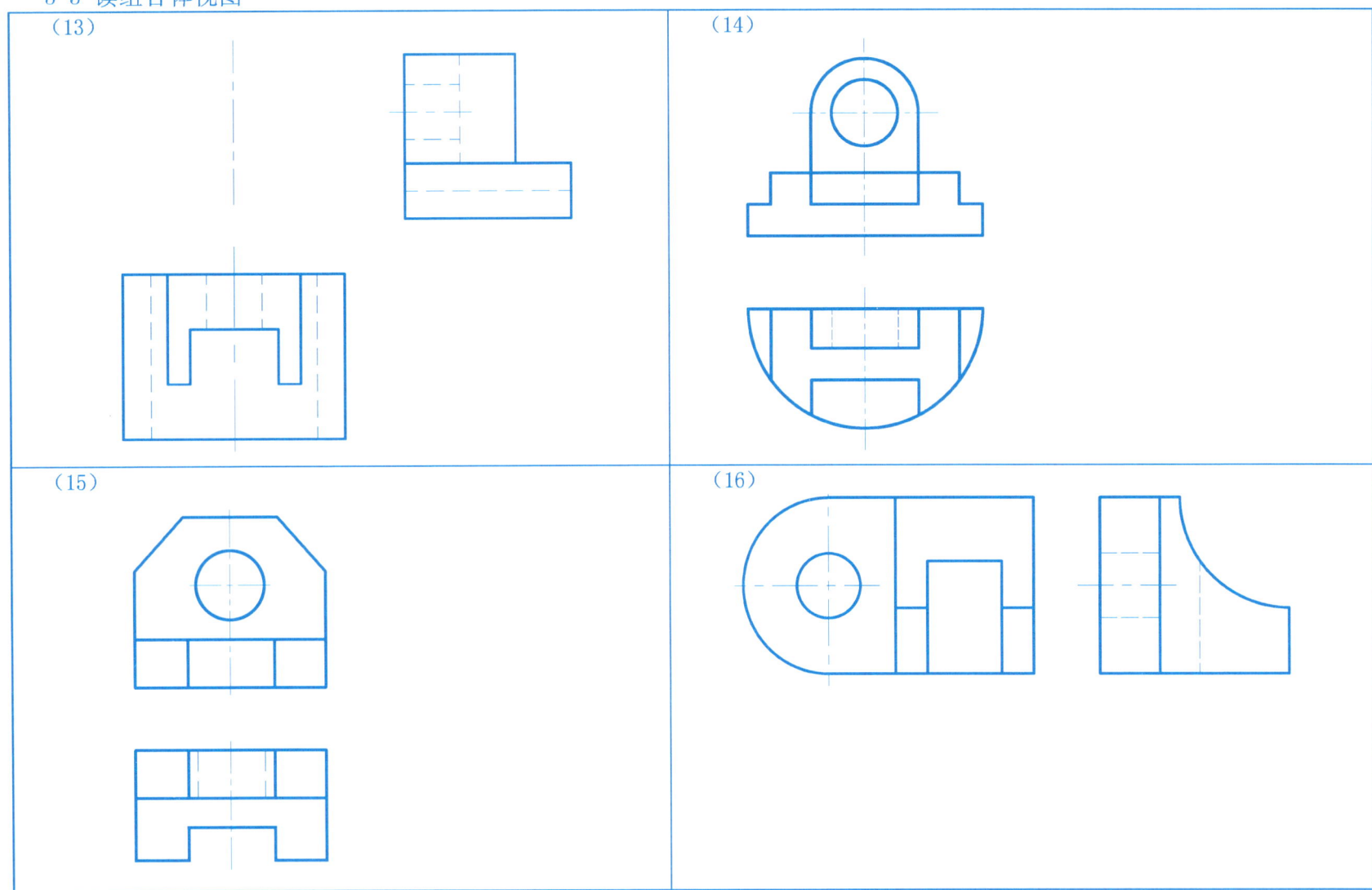

5-5 读组合体视图

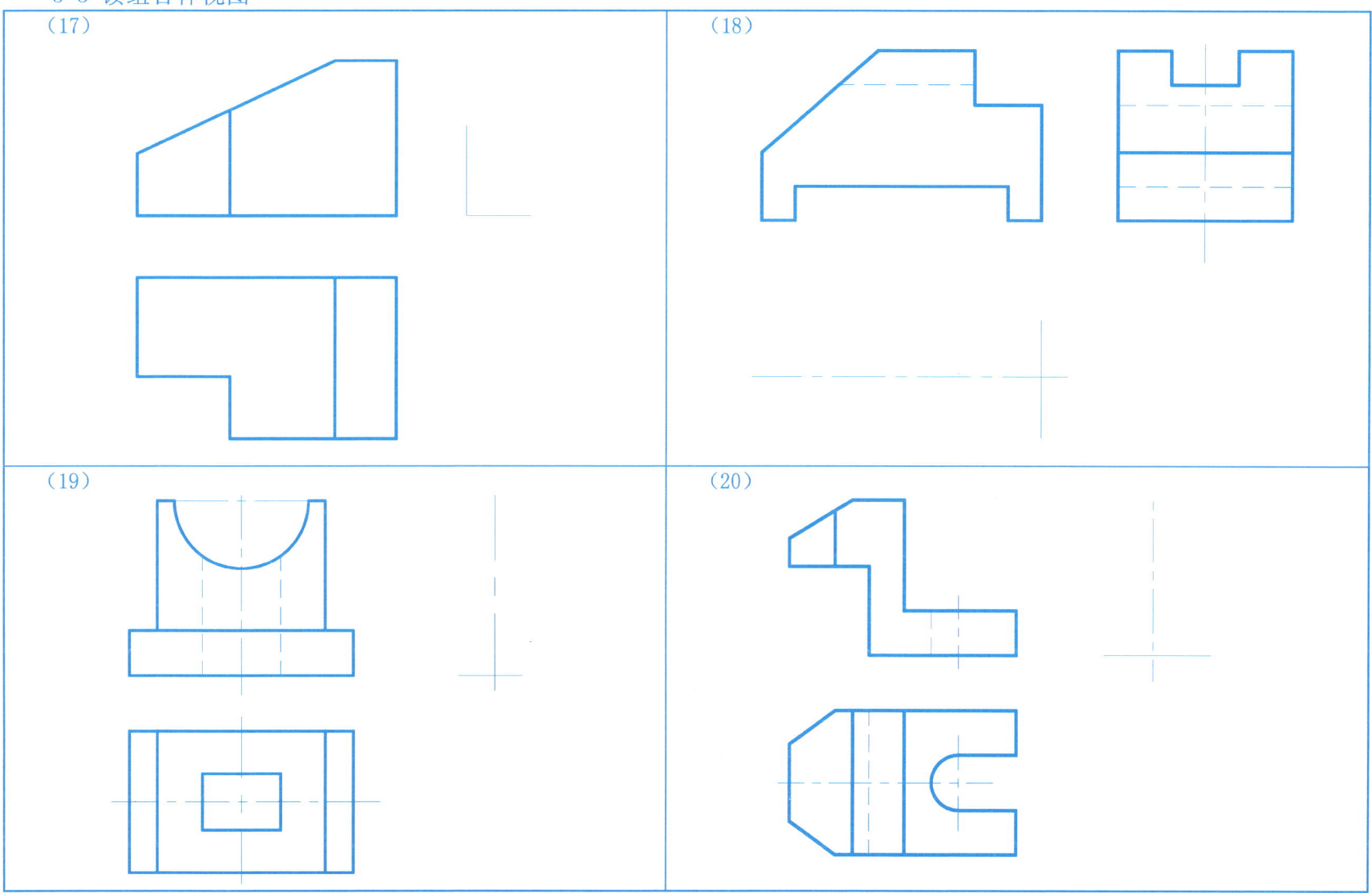

5-6 组合体作业练习

1. 根据组合体轴测图按 1:1 比例绘制其三视图，并标注尺寸

(1)

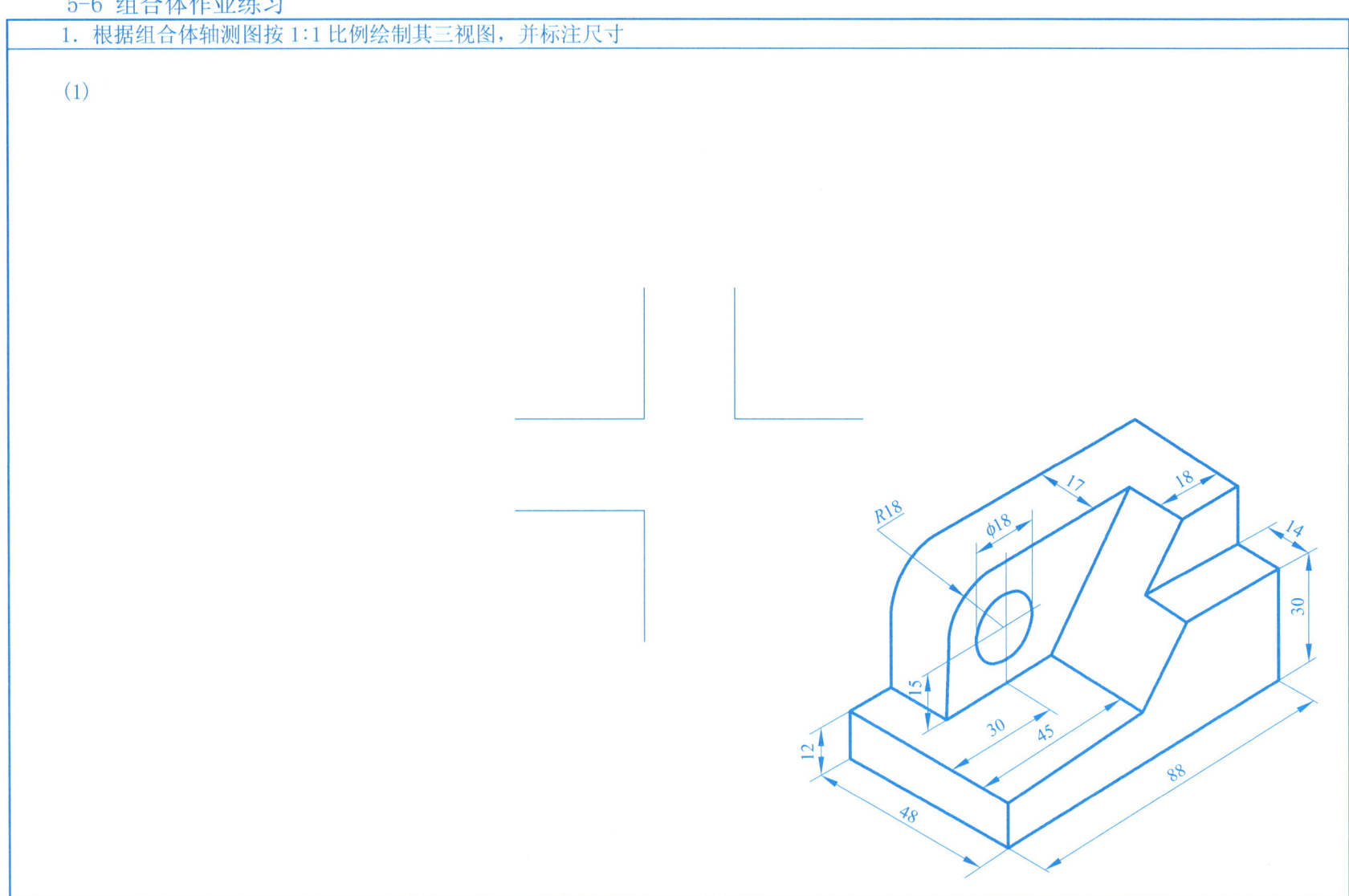

5-6 组合体作业练习

(2)

5-6 组合体作业练习

2. 用 A4 图纸按 1:1 比例绘制下列组合体的三视图，并标注尺寸（孔均为通孔）

模块六　图样画法

6-1　视图

1. 根据机件的主视图、俯视图、左视图，补画其右视图、仰视图、后视图

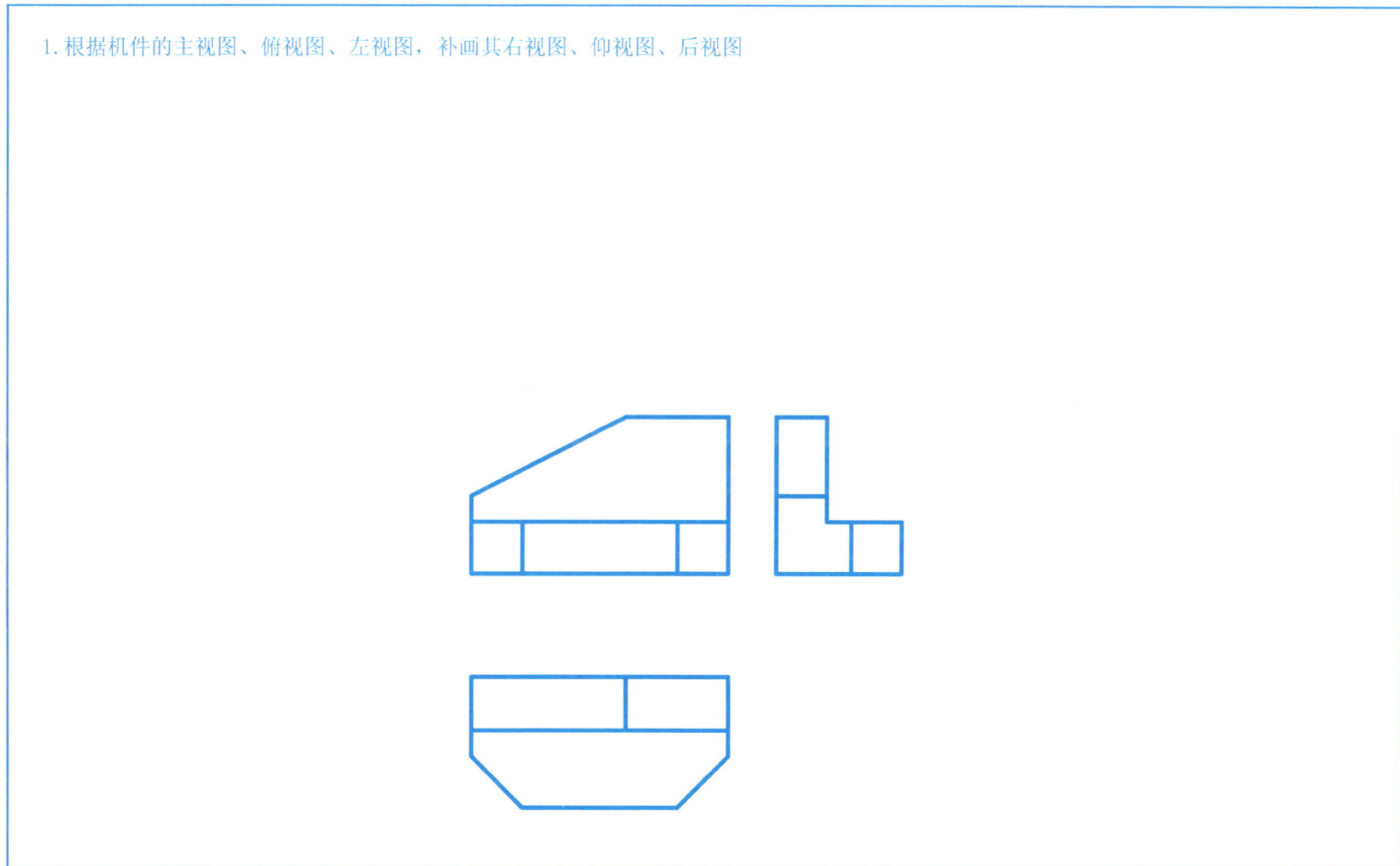

6-1 视图

2. 在指定位置画出 A、B 向局部视图

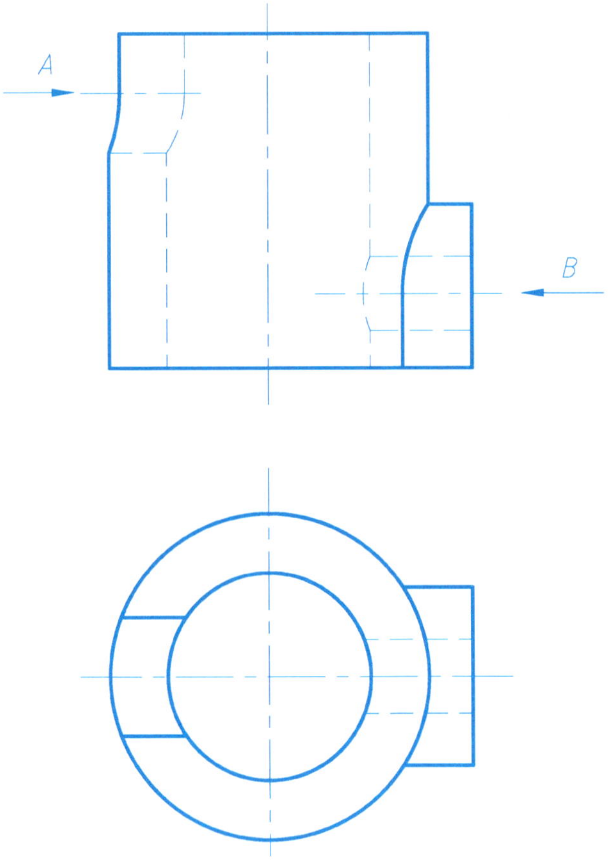

6-1 视图

3. 画出物体的 A 向局部视图

4. 根据主视图对照立体图，补画其斜视图和局部视图

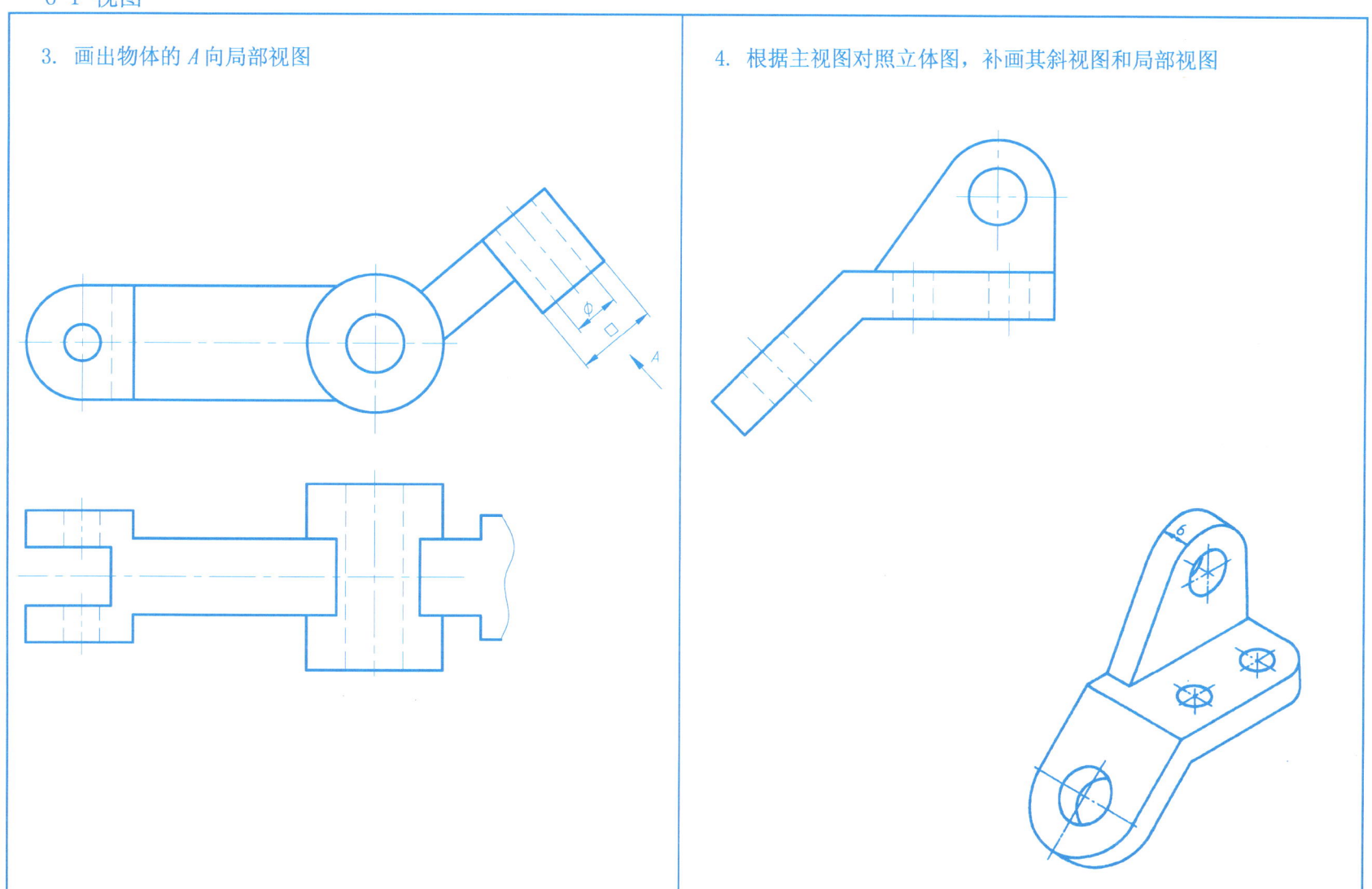

6-2 剖视图

1. 补画剖视图中缺漏的图线

(1)

(2)

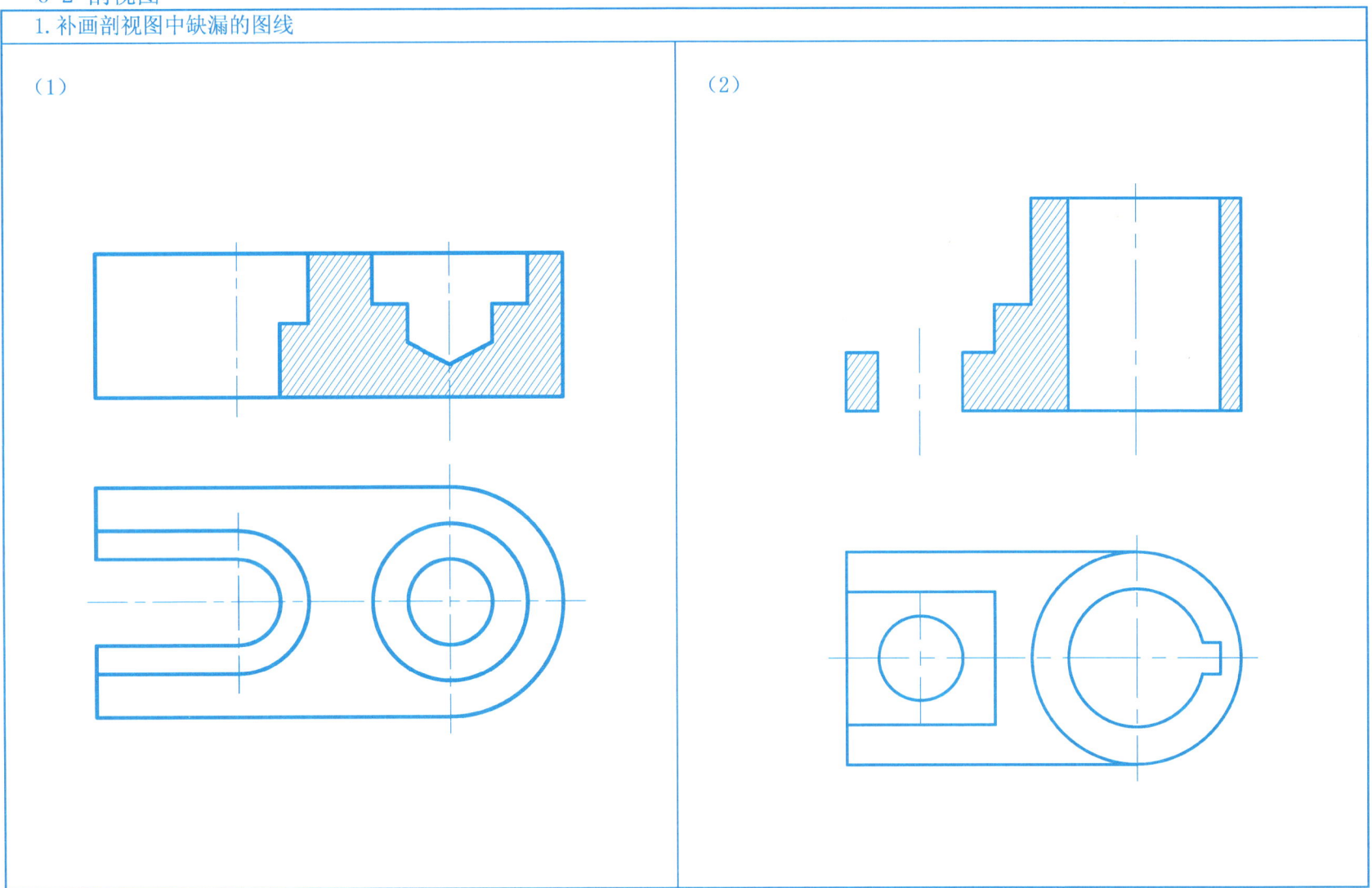

6-2 剖视图

(3)

(4)

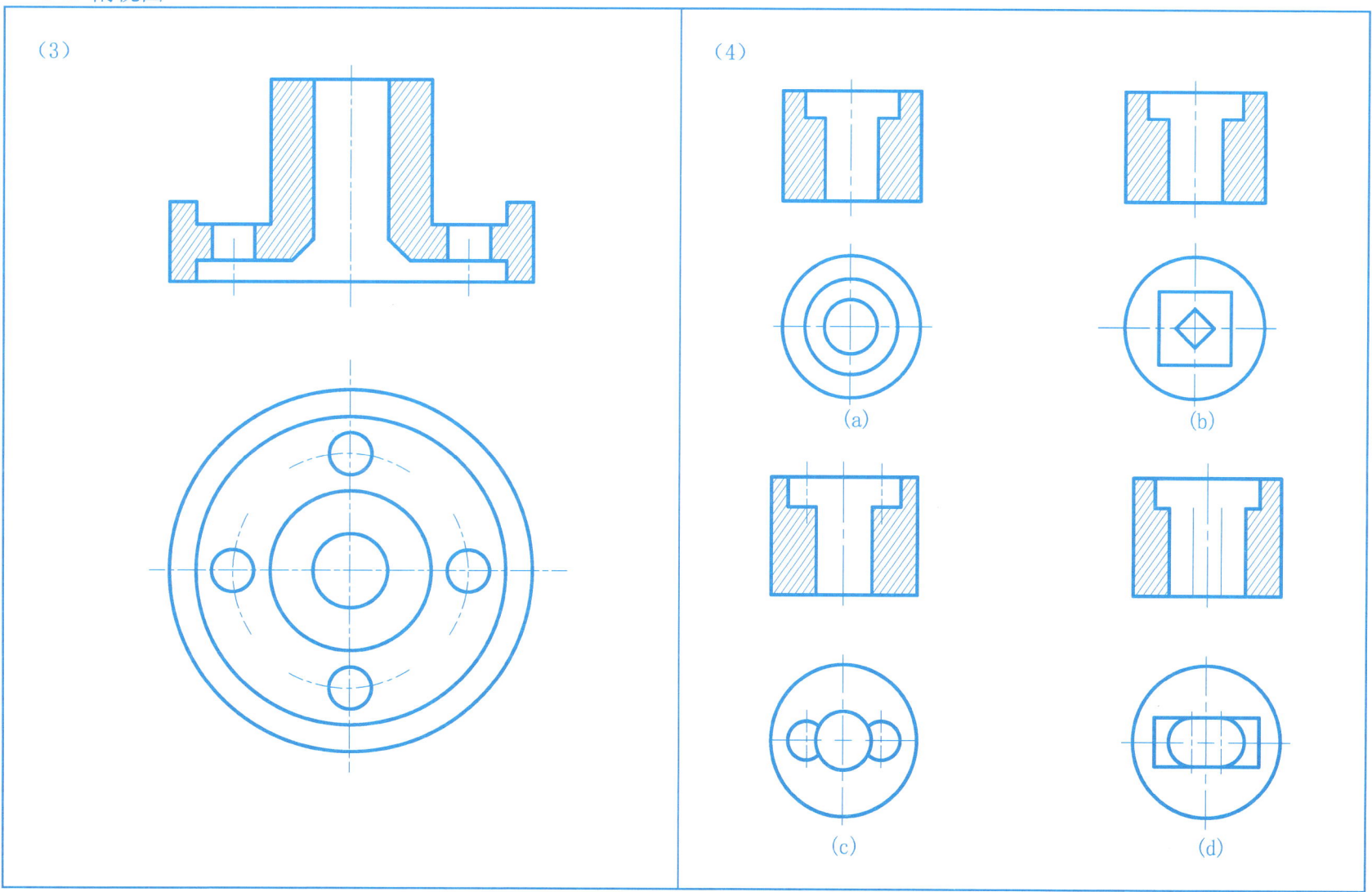

(a)　(b)　(c)　(d)

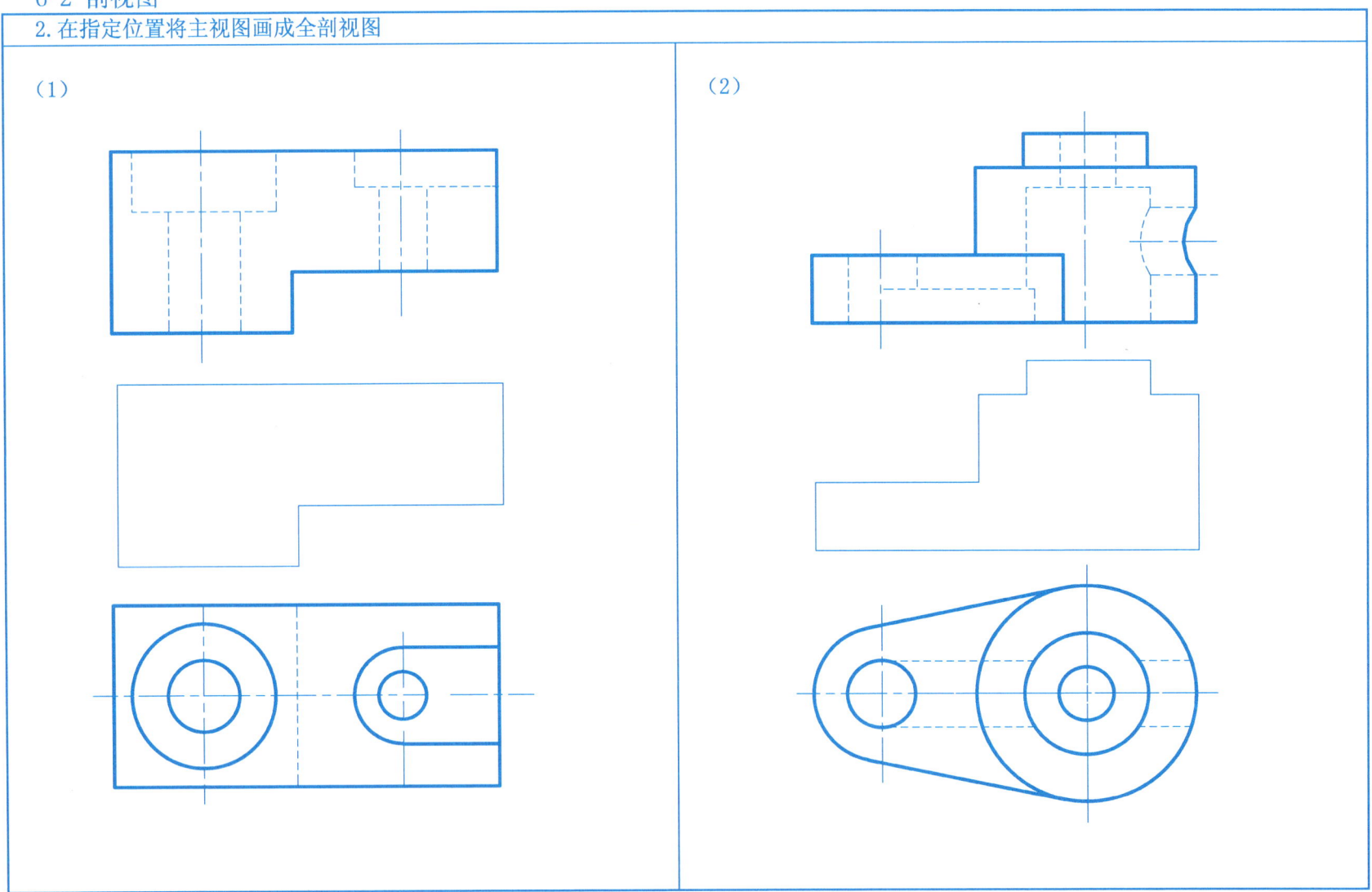

6-2 剖视图

(3)

(4)

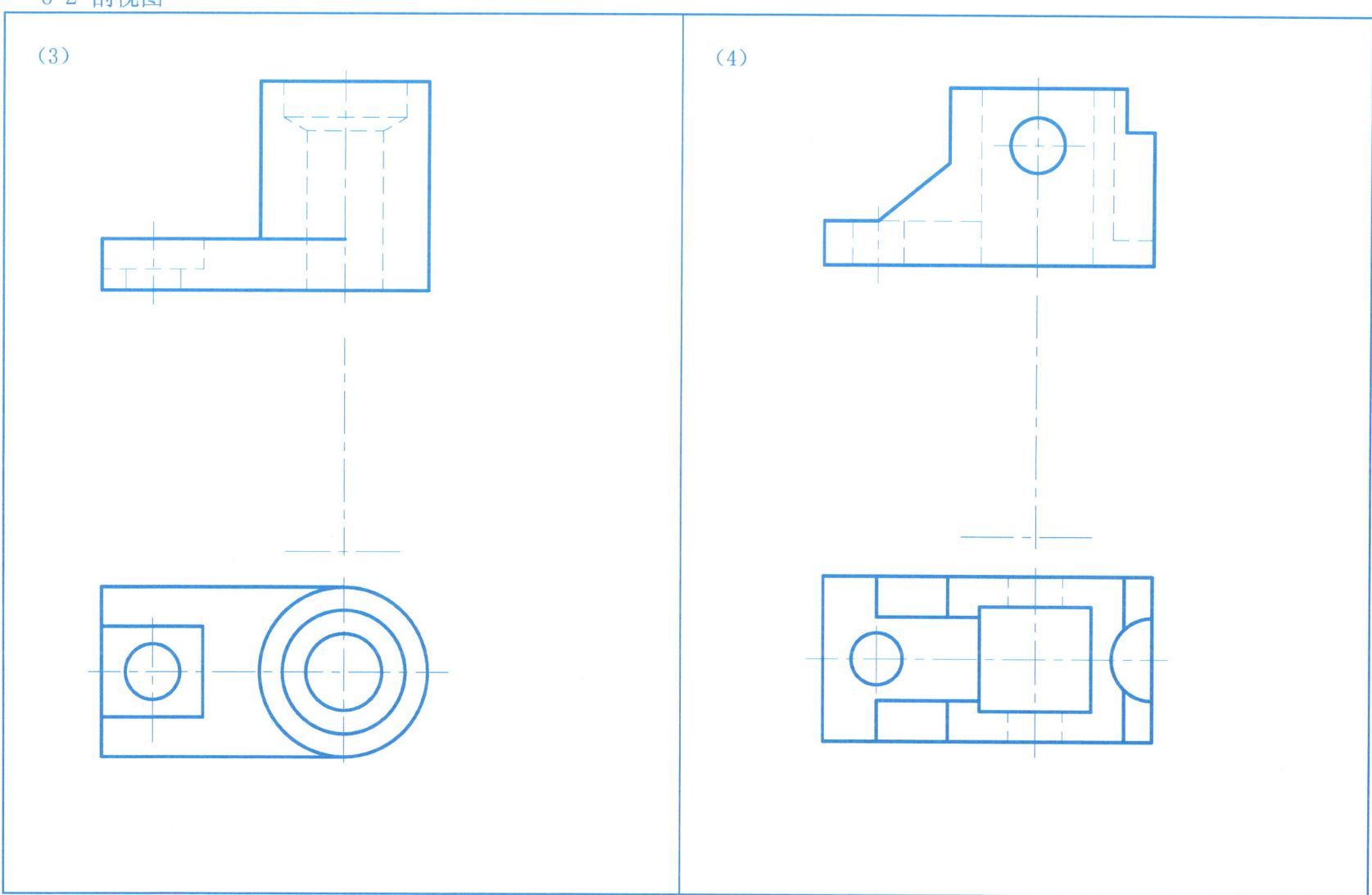

6-2 剖视图

3. 画出全剖的左视图

（1）

（2）

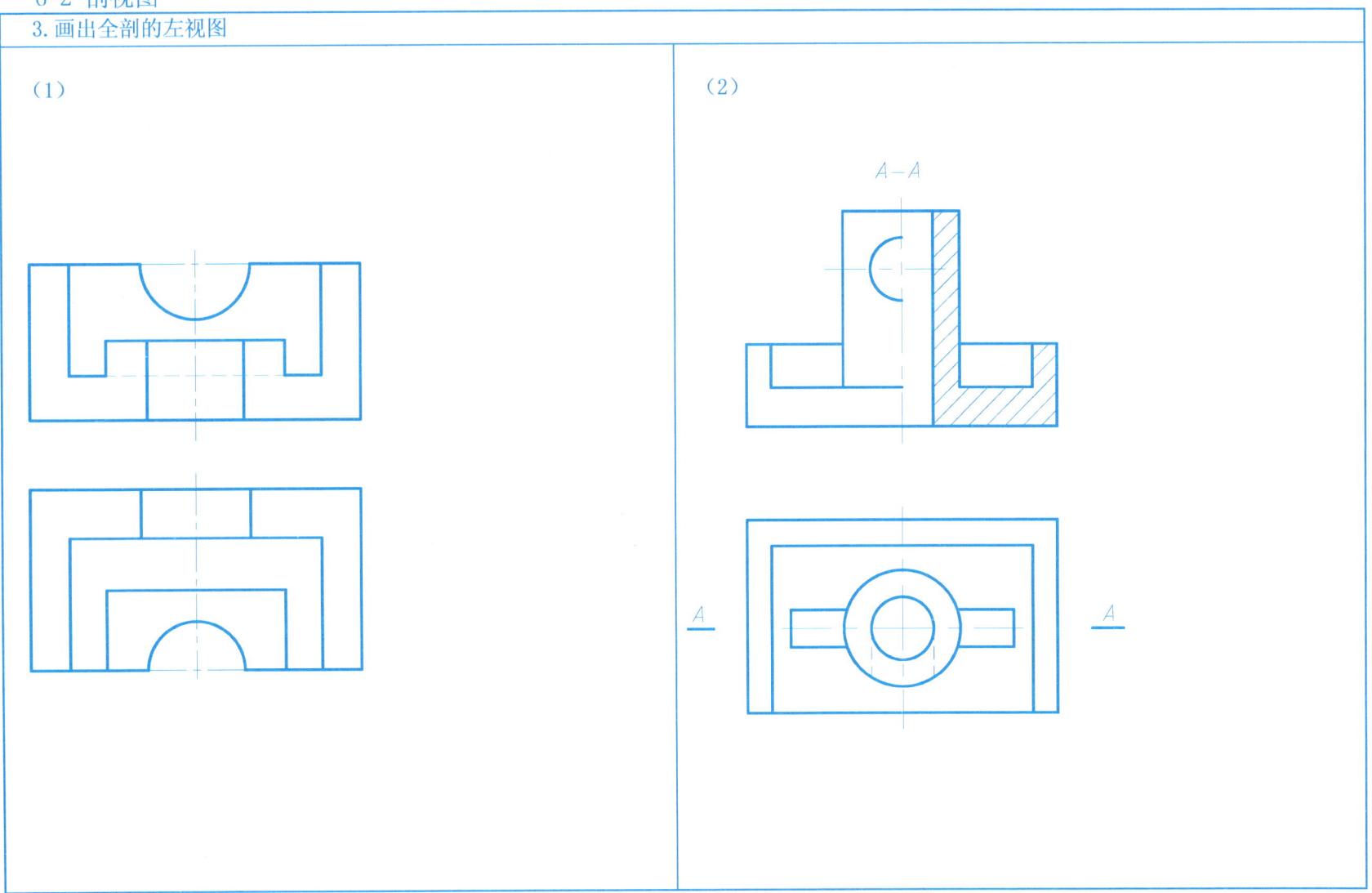

6-2 剖视图

4. 在指定位置将主视图画成半剖视图

(1)　　　　　　　　　　　　　　　　(2)

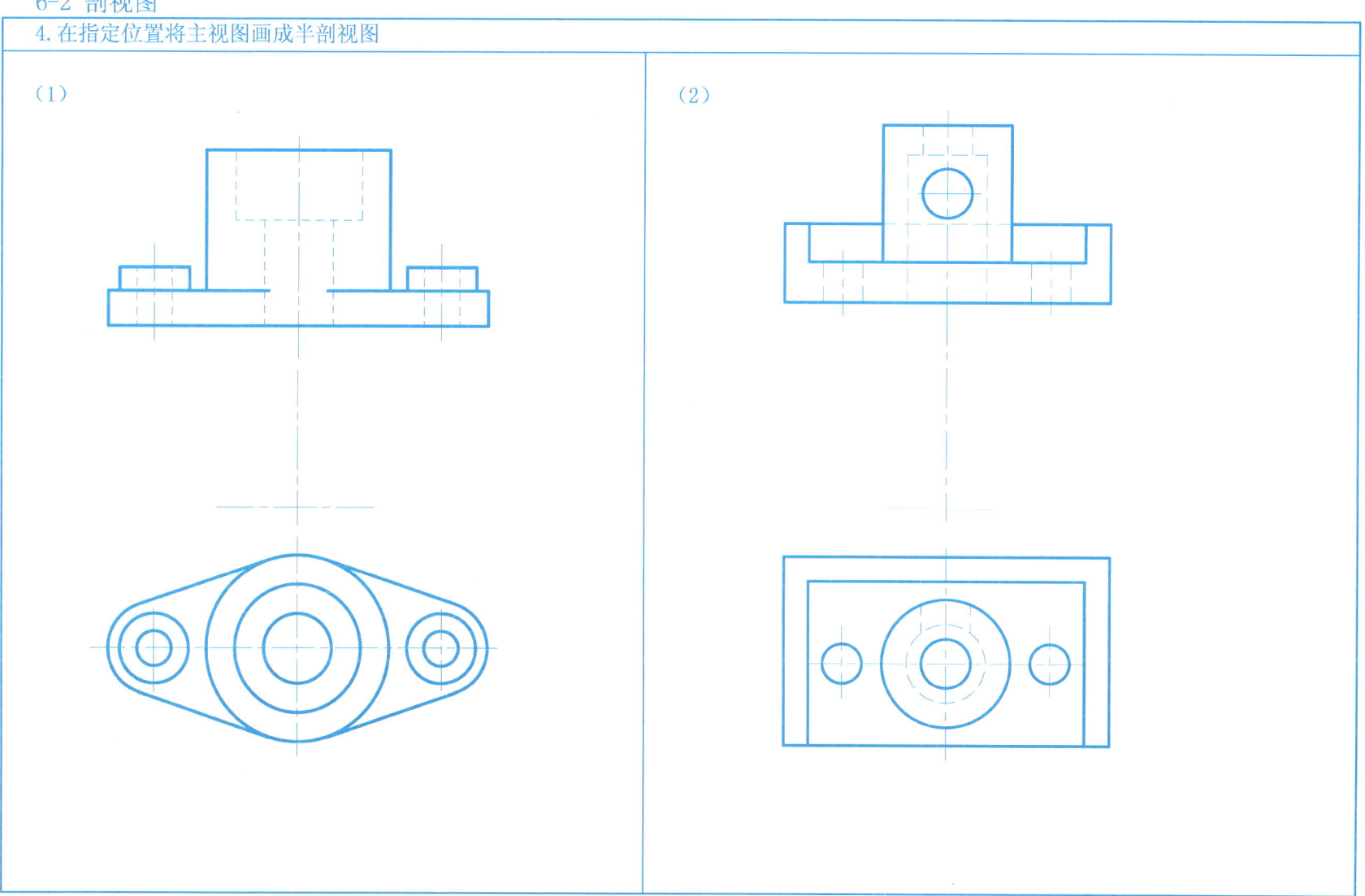

6-2 剖视图

5.在指定位置将主视图画成全剖视图，并补画半剖的左视图

(1)

(2)

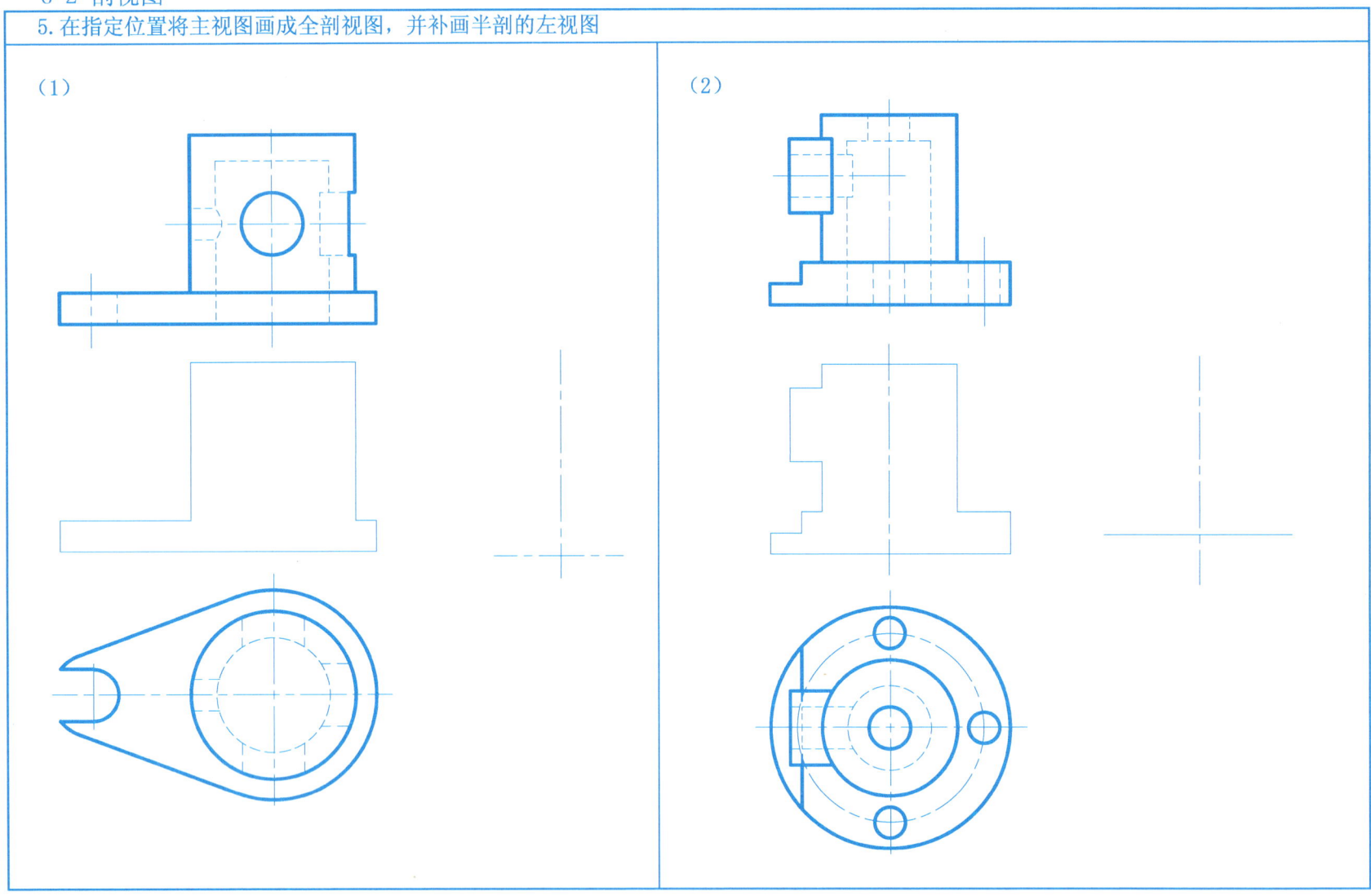

6-2 剖视图

6. 在适当的位置作局部剖视图（多余的线画×）

（1）　　　　　　　　　　　（2）

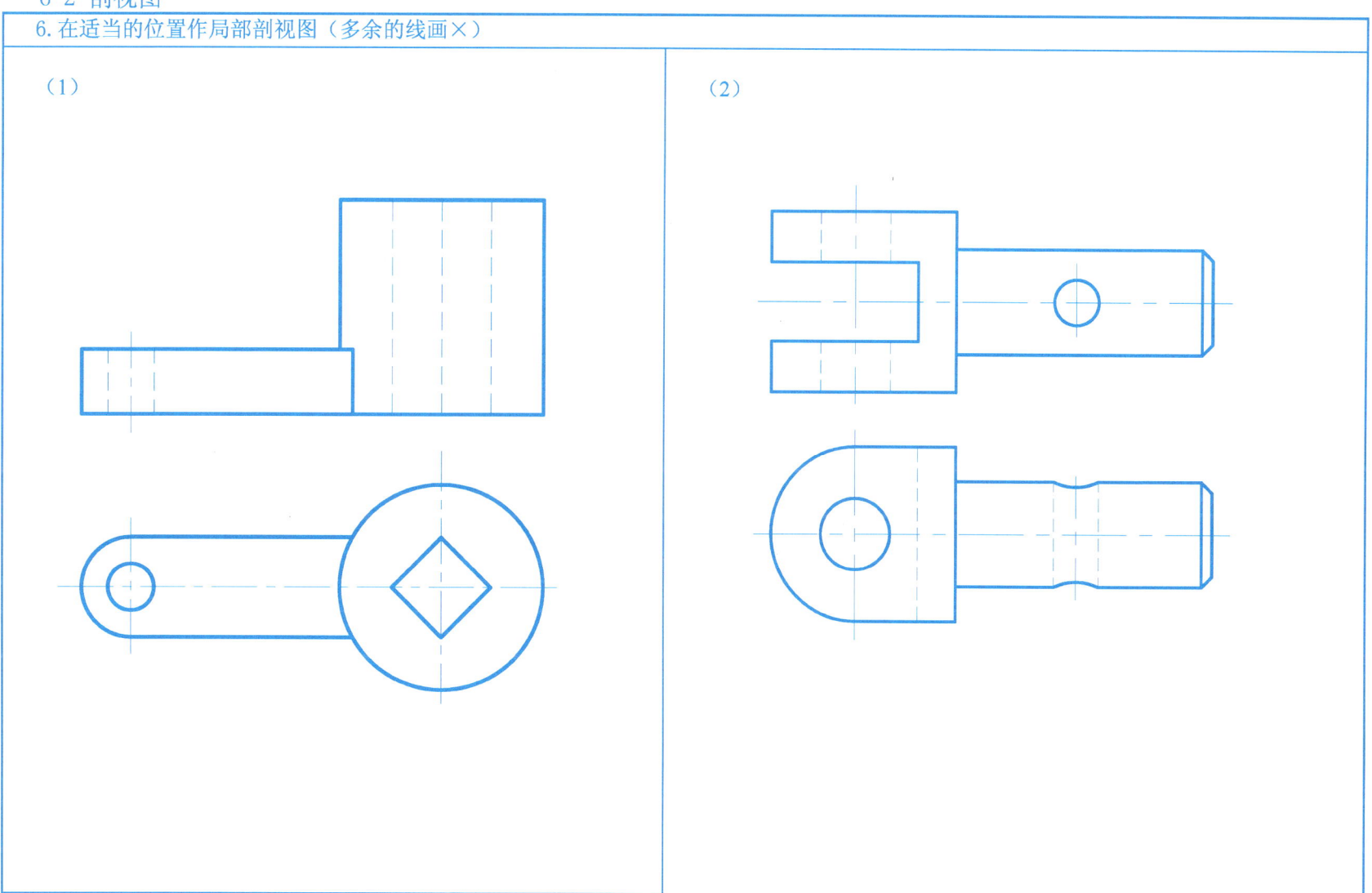

6-2 剖视图

7. 在指定位置，将机件的主视图改画成局部剖视图

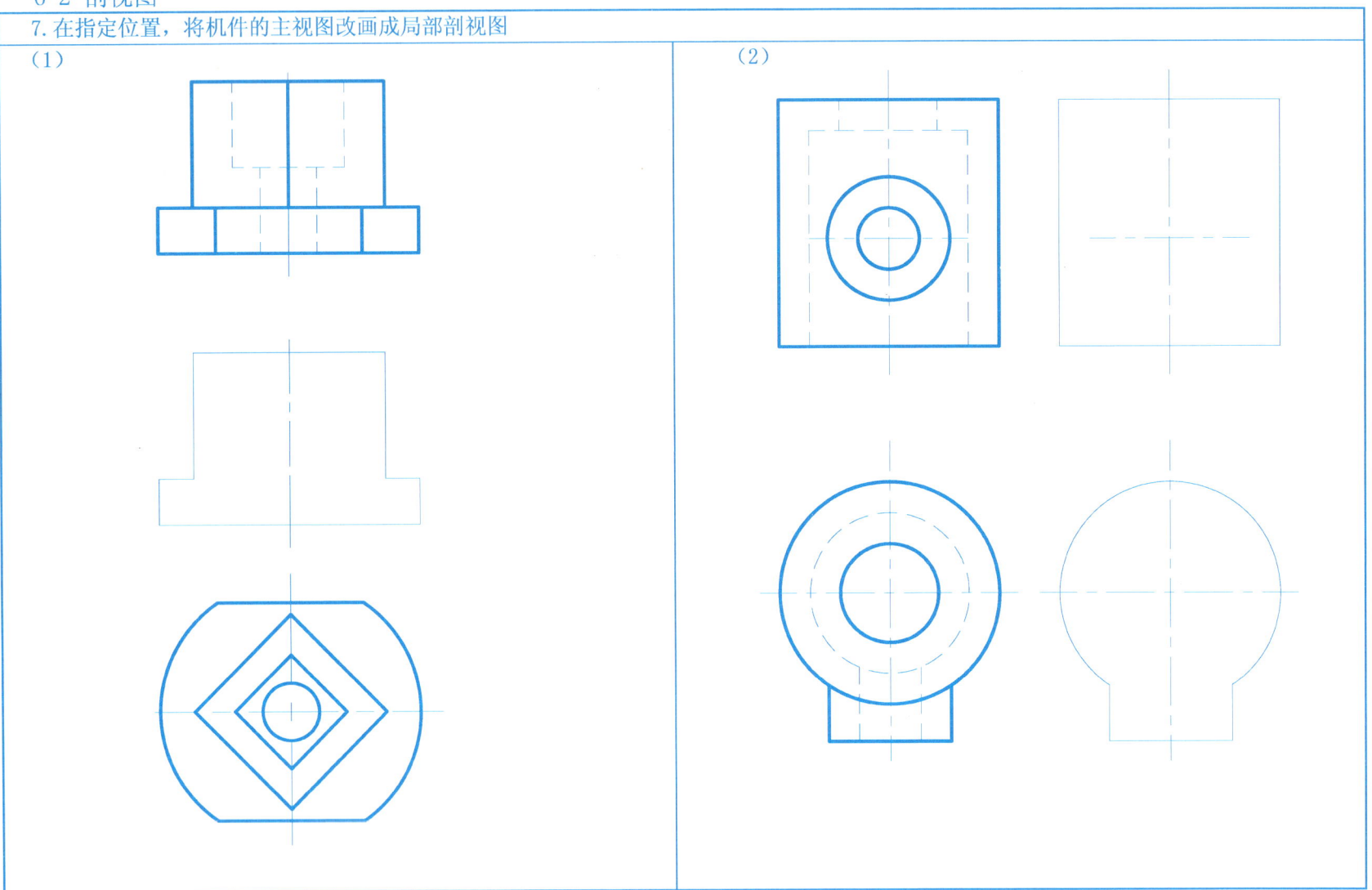

6-2 剖视图

8. 在指定位置，画出单一剖切的 A—A 及 B—B 全剖视图

6-2 剖视图

9. 在指定位置将主视图画成全剖视图

(1)

(2)

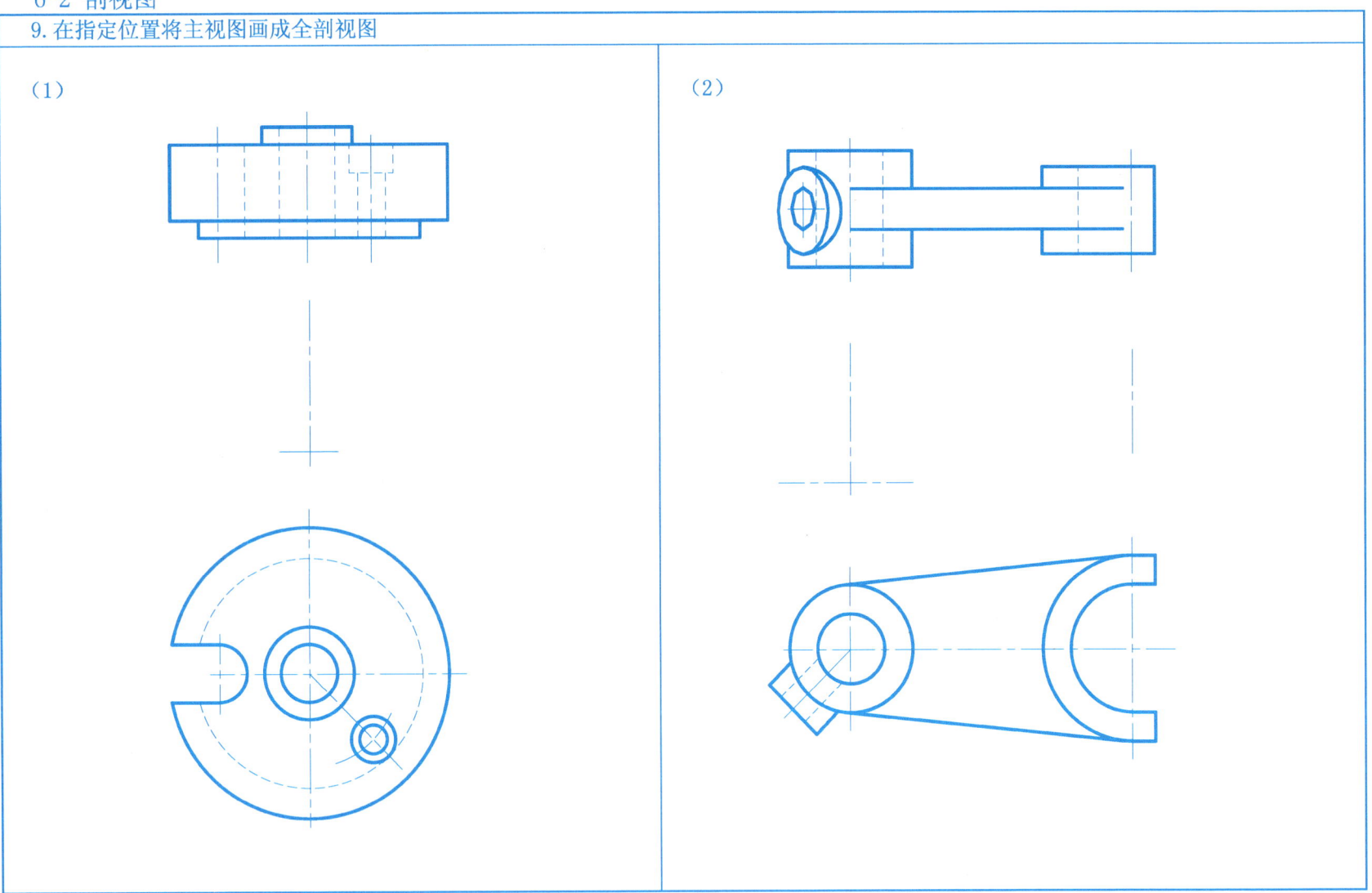

6-2 剖视图

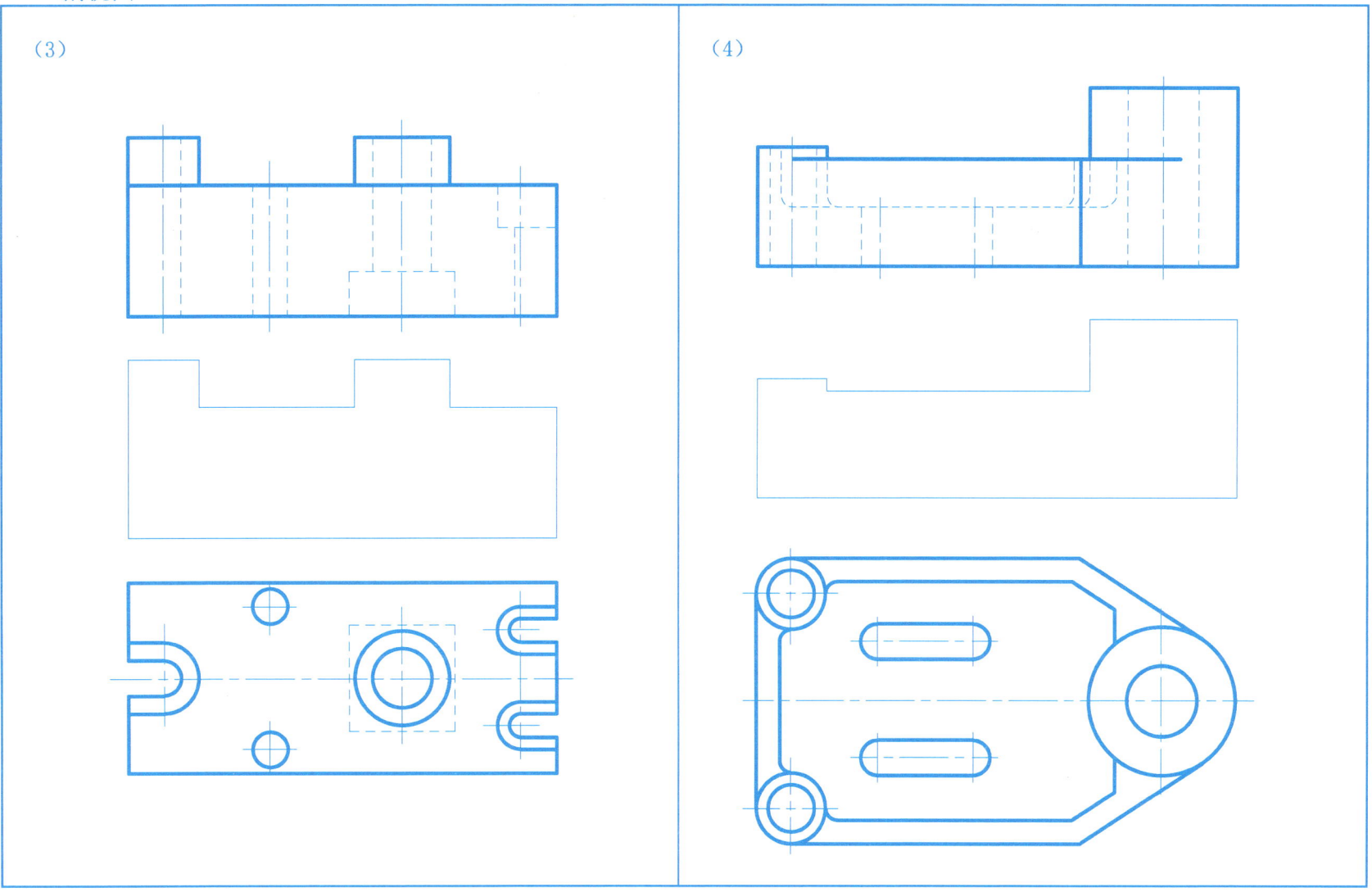

6-2 剖视图

(5)

(6)

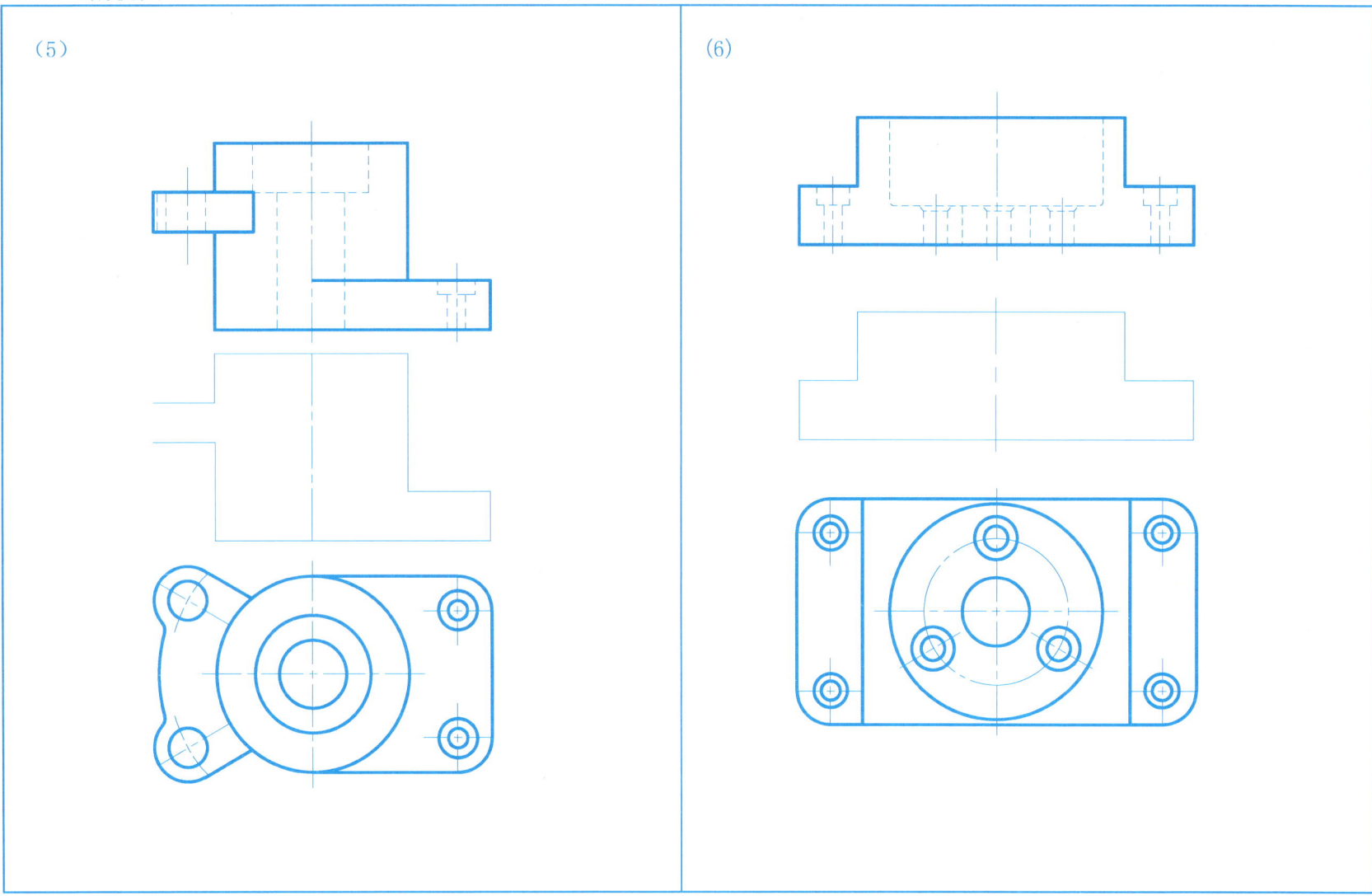

6-3 断面图

1. 指出正确的断面图

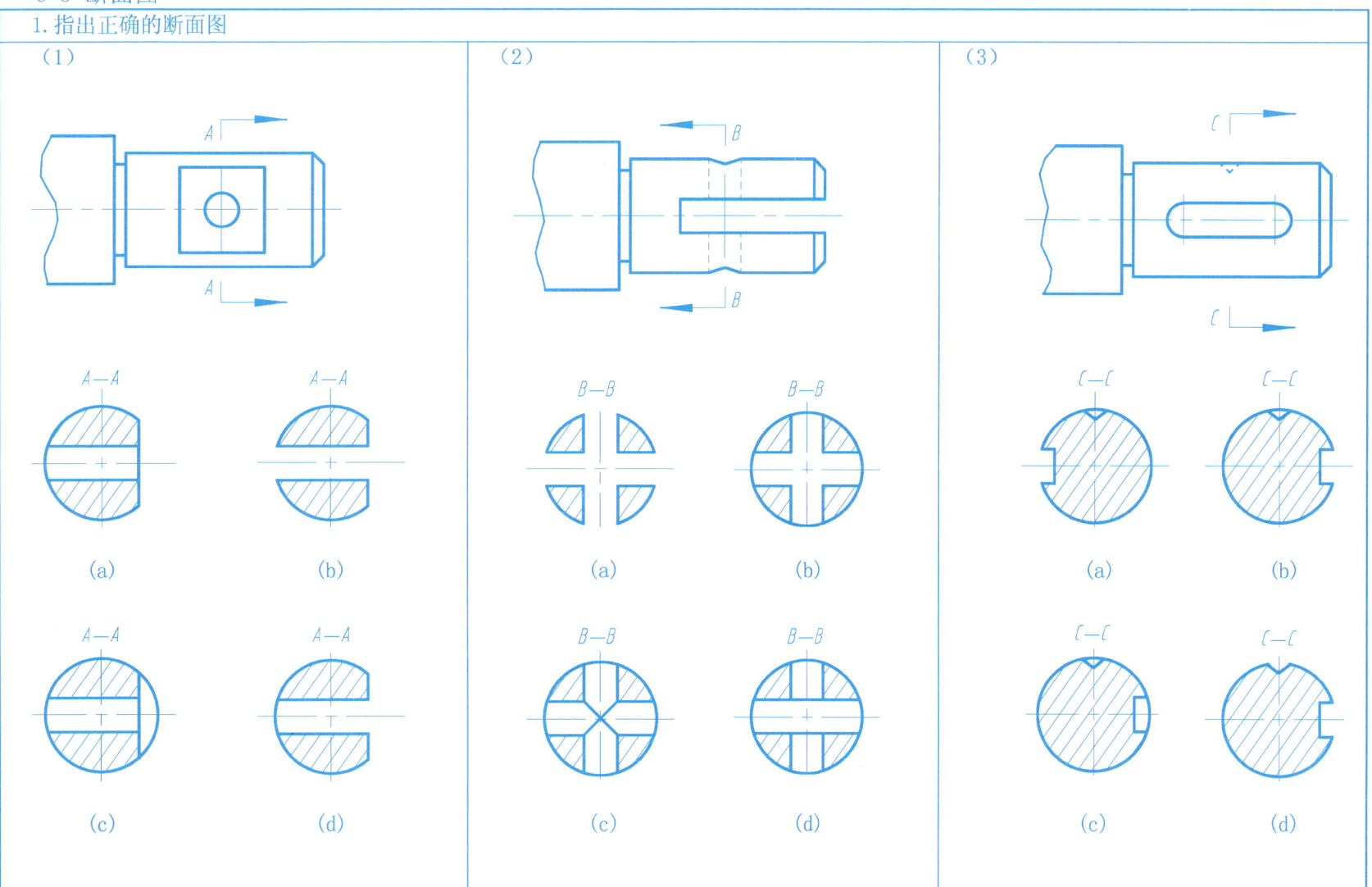

6-3 断面图

2. 指出断面图中的错误画法，并在指定位置处画出正确的断面图

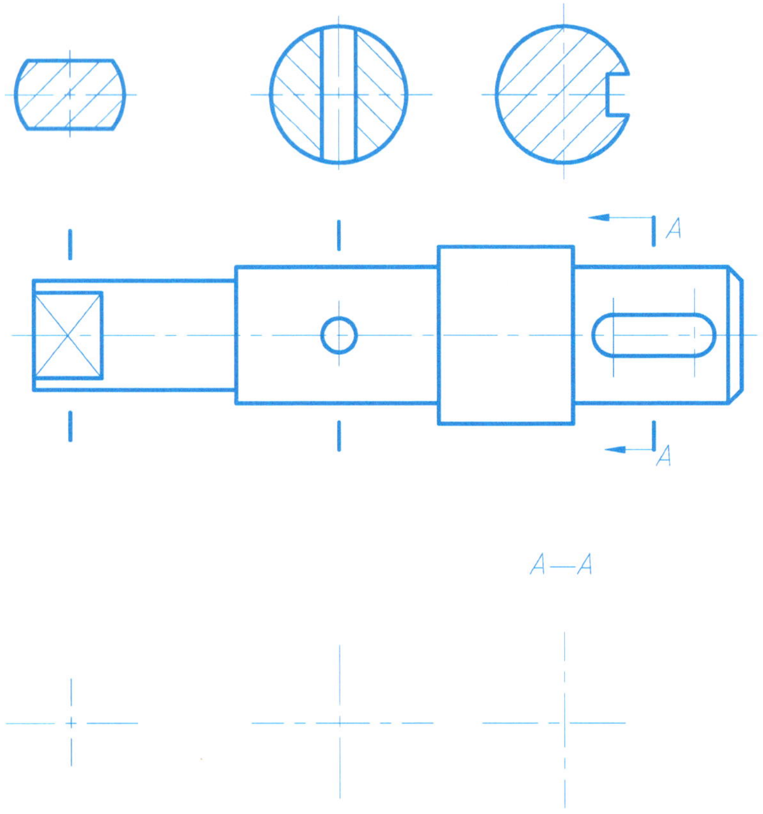

A—A

3. 画出 A—A 移出断面图

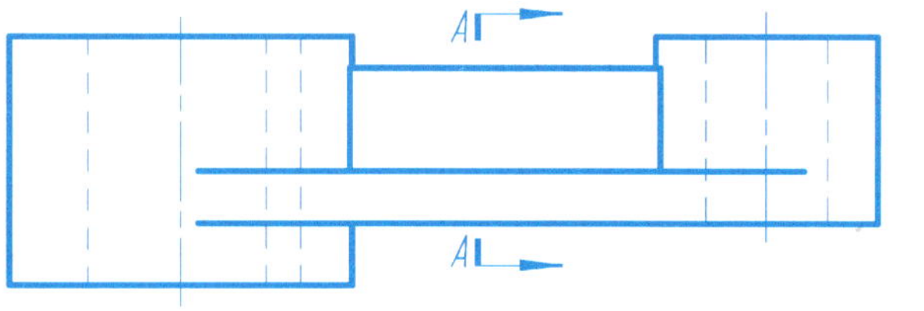

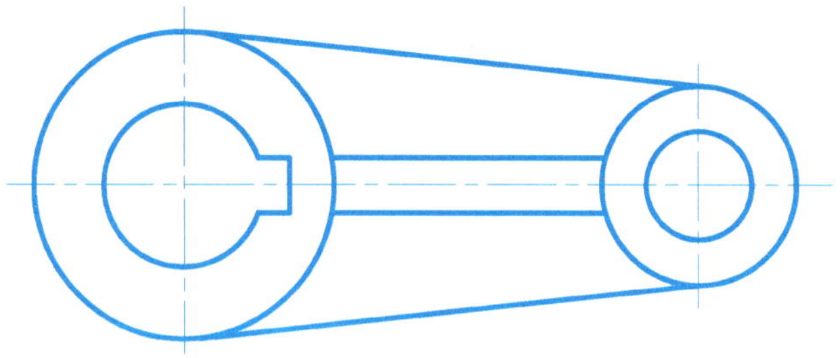

6-4 规定画法和简化画法

在指定位置将主视图画成全剖视图

(1)

(2)

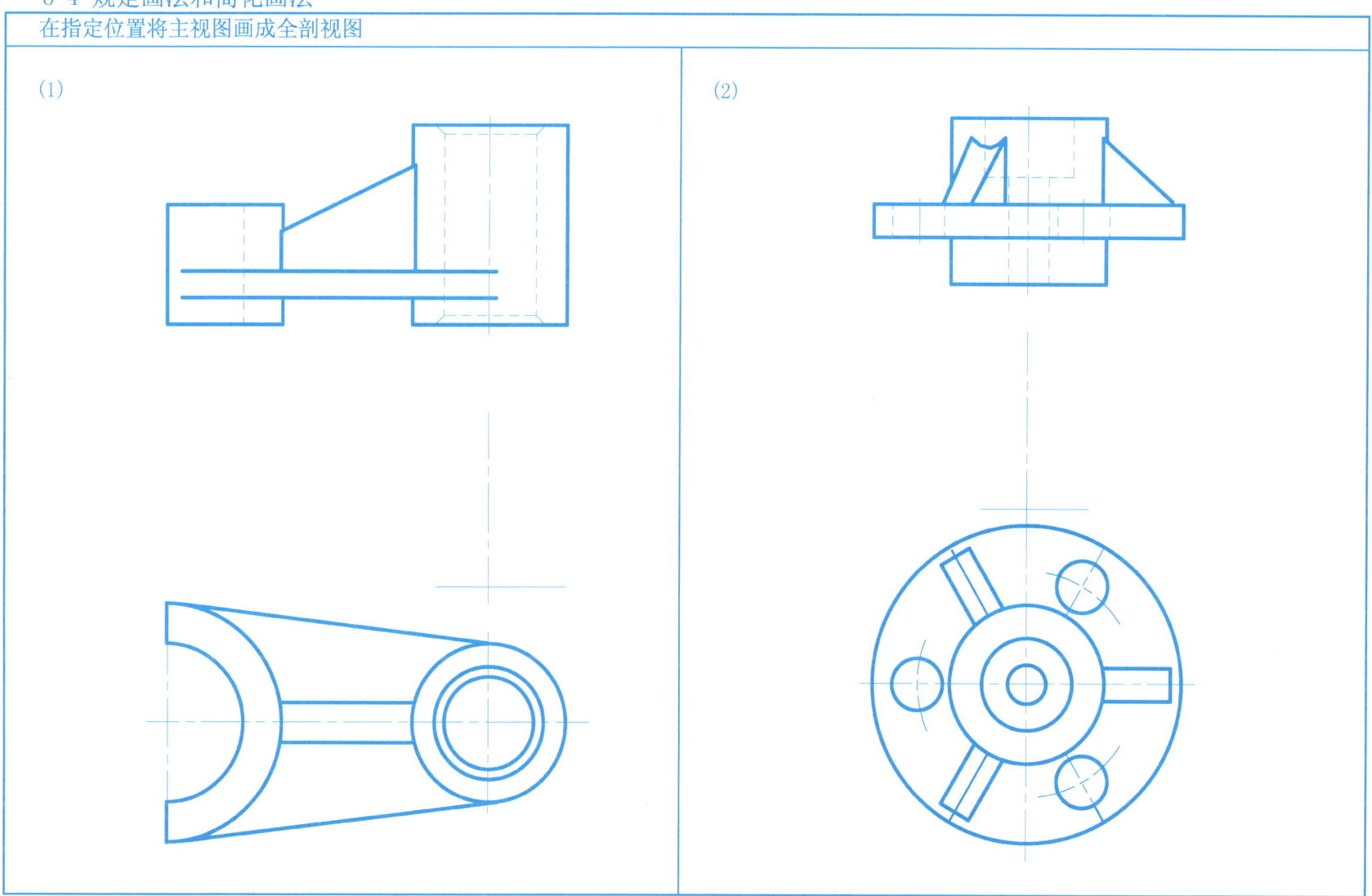

71

6-5 图样画法综合练习

1. 确定下列物体的表达方法，用 A3 图纸按比例 2:1 绘制其视图，并标注尺寸

6-5 图样画法综合练习

2. 确定下列物体的表达方法，用 A3 图纸按比例 1:1 绘制其视图，并标注尺寸

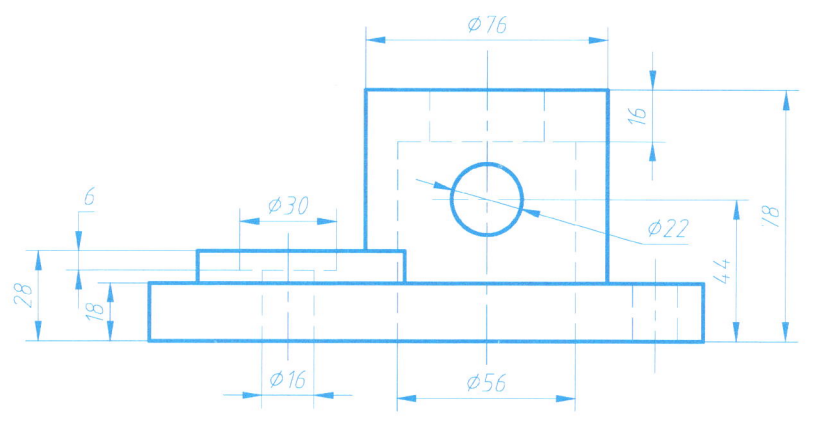
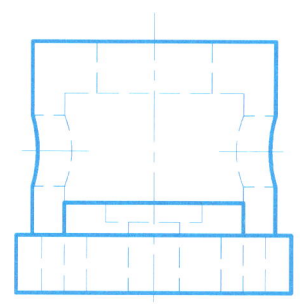
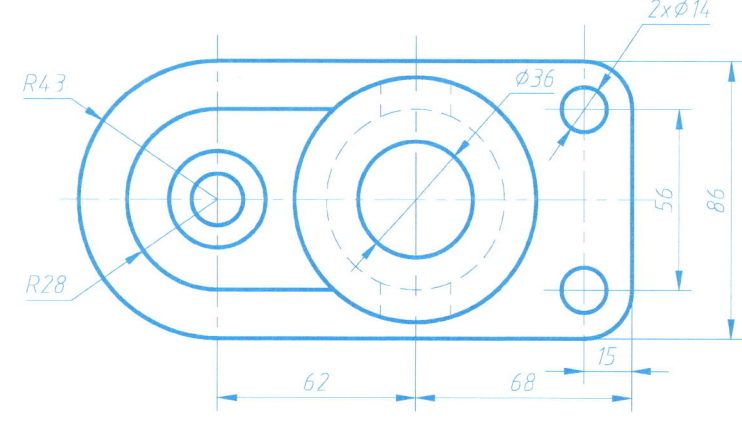

模块七 标准件与常用件

7-1 螺纹

1. 分析图中螺纹画法的错误,并在下方画出正确图形

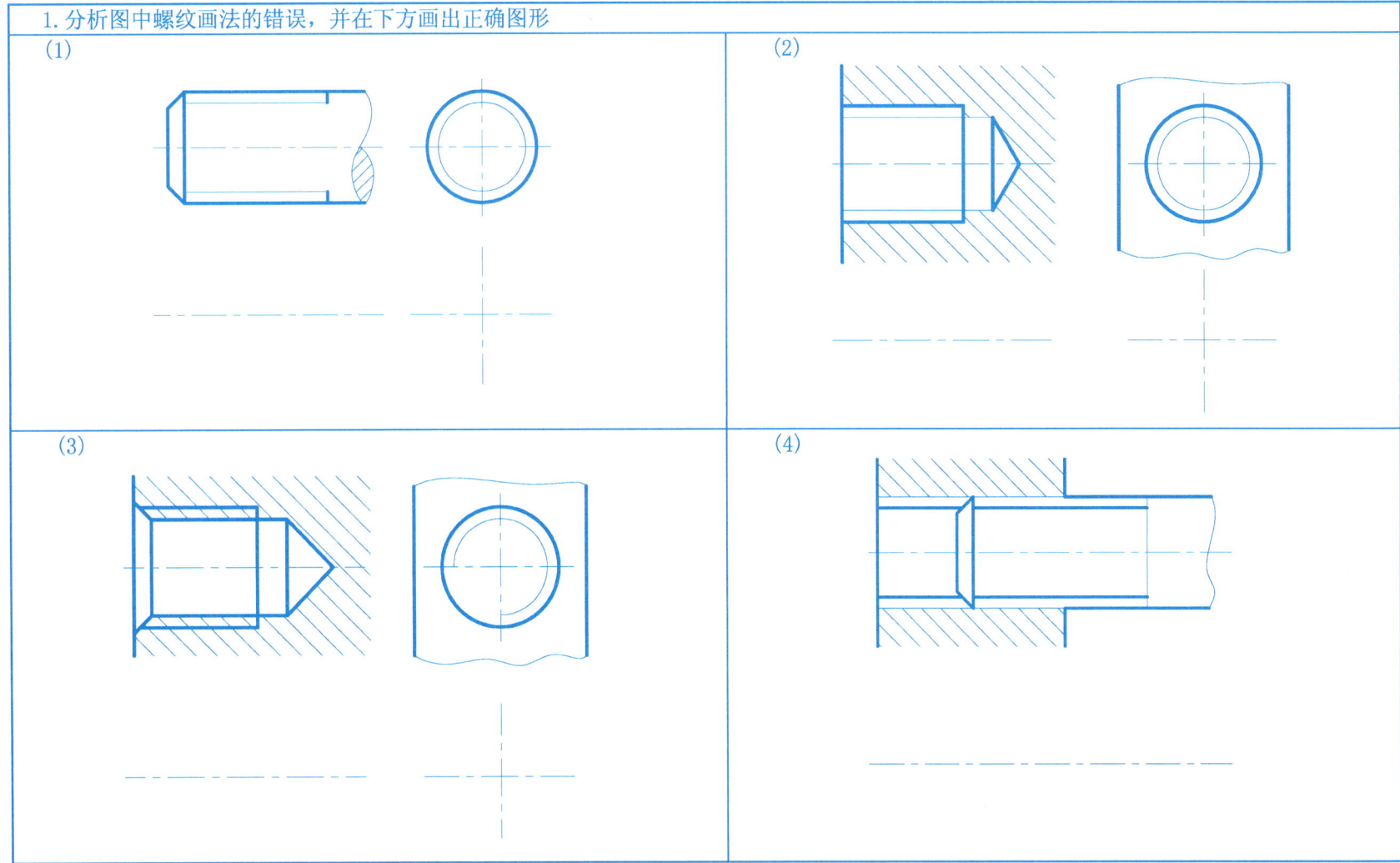

7-1 螺纹

2. 根据给定的螺纹要素，标注螺纹的标记和尺寸

（1）粗牙普通螺纹，公称直径24mm，螺距3mm，单线，右旋；螺纹公差带代号：中径、小径为6H。

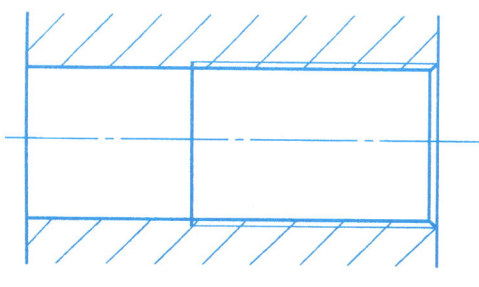

标记：_____

（2）细牙普通螺纹，公称直径30mm，螺距2mm，单线；螺纹公差带代号：中径5g，大径5g。

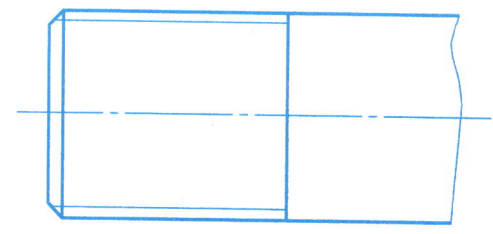

标记：_____

（3）非螺纹密封的管螺纹，尺寸代号3/4，公差等级A级，右旋。

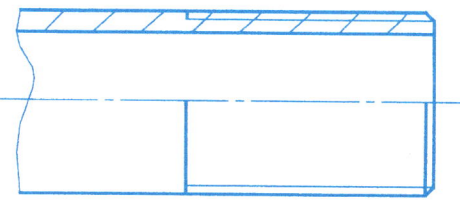

标记：_____

（4）梯形螺纹，公称直径32mm，导程6mm，双线，左旋。

标记：_____

7-2 螺纹连接

1. 查表标注螺纹紧固件的尺寸

（1）螺栓　GB/T 5782—2016　M20×100

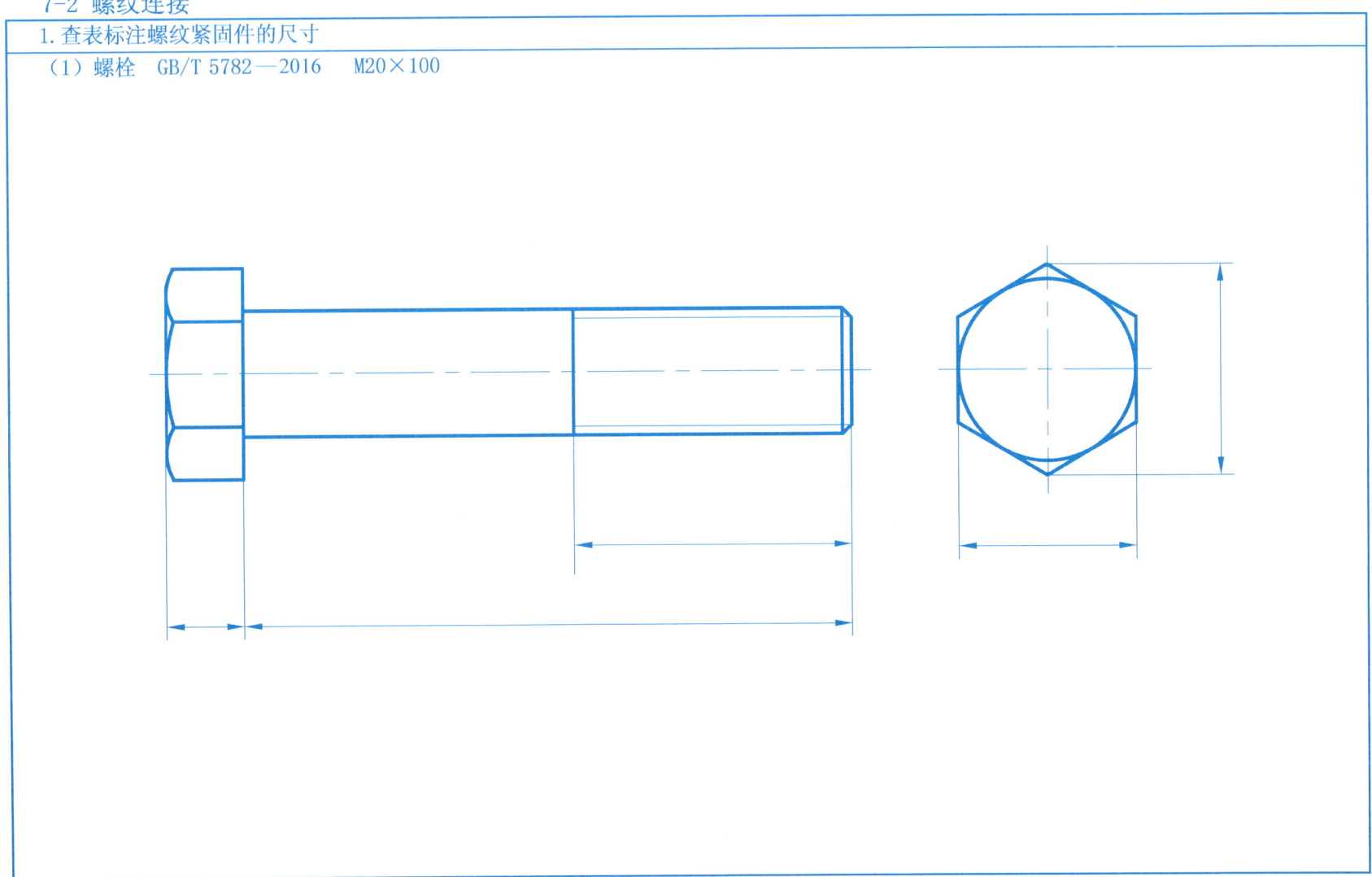

7-2 螺纹连接

（2）螺母 GB/T 6170—2015 M20

（3）垫圈 GB/T 97.1—2002 20

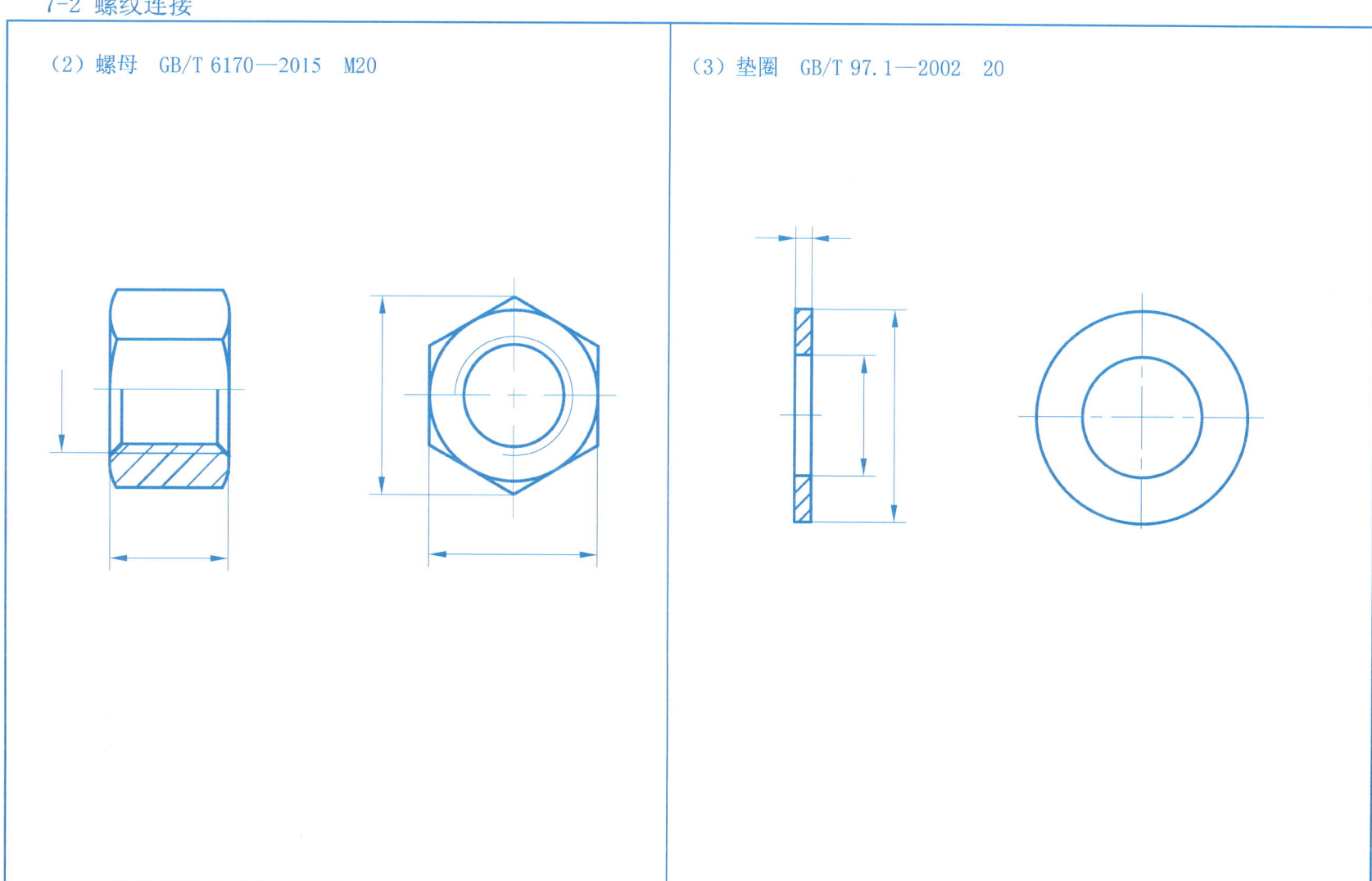

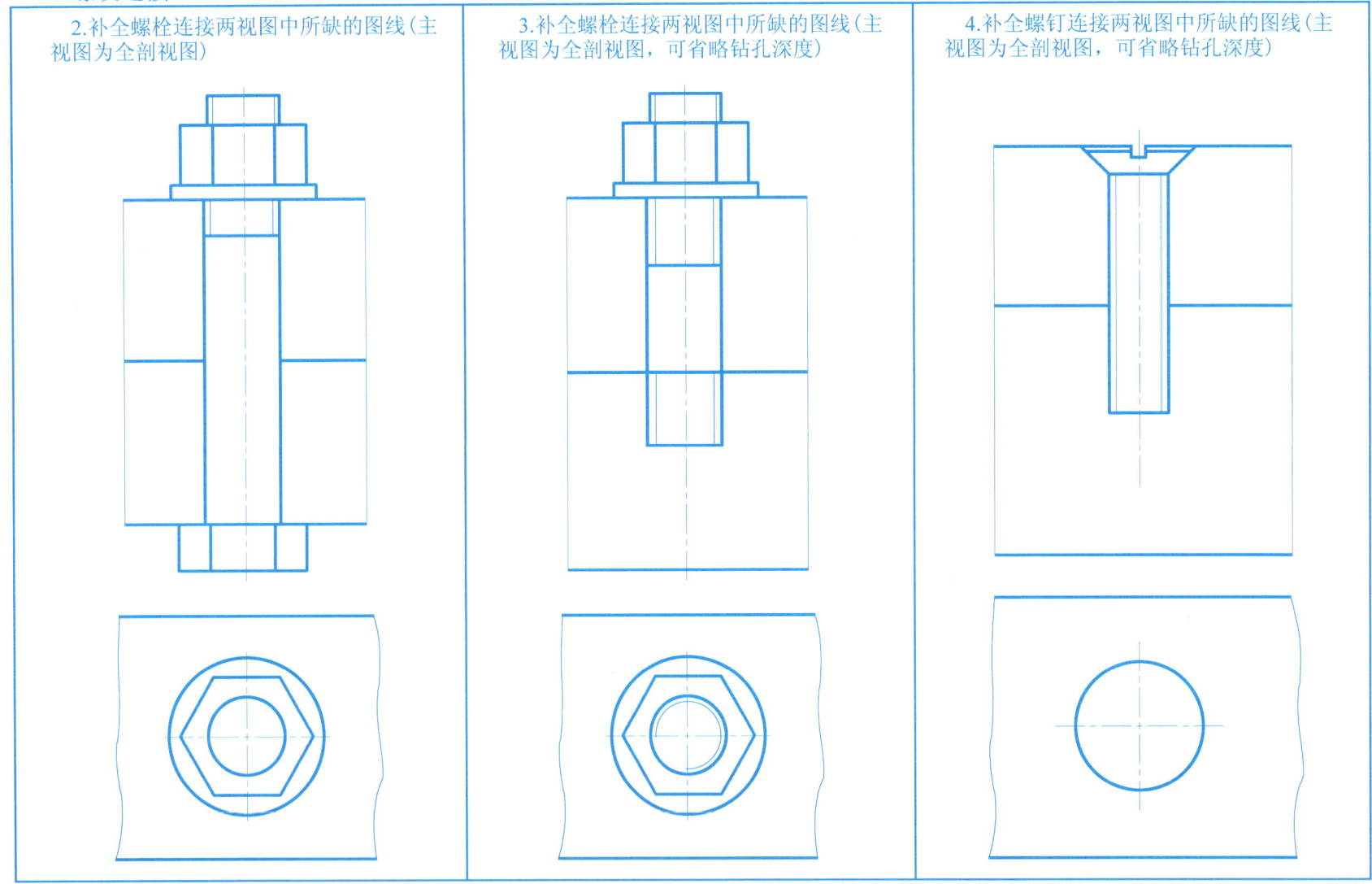

7-3 键、销连接

1. 根据给定的条件画出轴、齿轮的结构视图和装配视图

公称尺寸为 20mm 的轴①和齿轮②用 A 型普通平键连接成③，键的长度为 20mm。

作图要求：
（1）查表确定键和键槽的尺寸，并在零件图上标注；
（2）写出键的规定标记；
（3）画全下列各图。

键的规定标记：_____

② 齿轮

① 轴

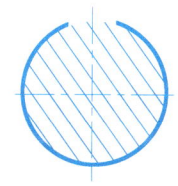

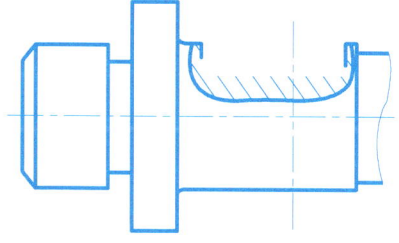

③ 齿轮和轴

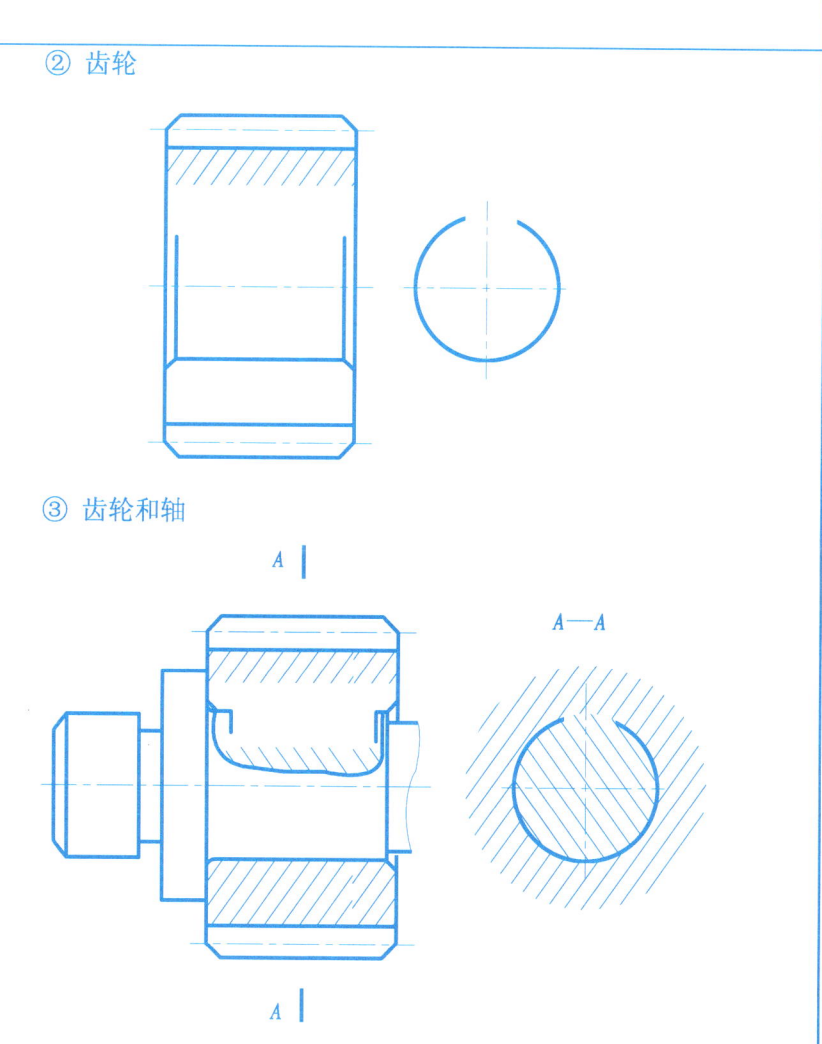

7-3 键、销连接

2.用比例画法画出销连接装配图

销　GB/T 119.1—2000　10×50

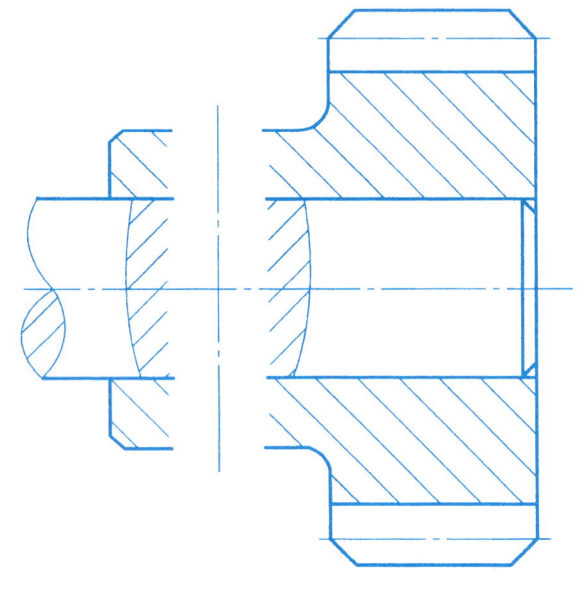

3.选出适当长度的 φ5 圆柱销，画出销连接的装配图，并写出销的规定标记

规定标记：_____

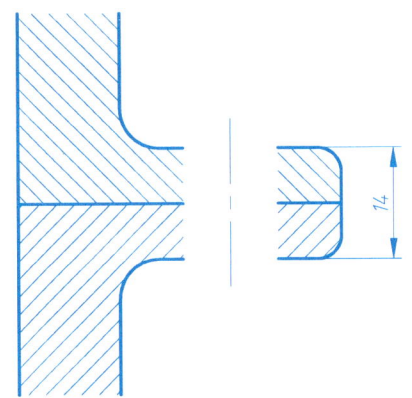

7-4 齿轮

根据给定的条件，画出齿轮啮合图

已知一对啮合的直齿圆柱齿轮，m =4mm，z_1=20，z_2=35，补画主视图、左视图中啮合部分的图线。

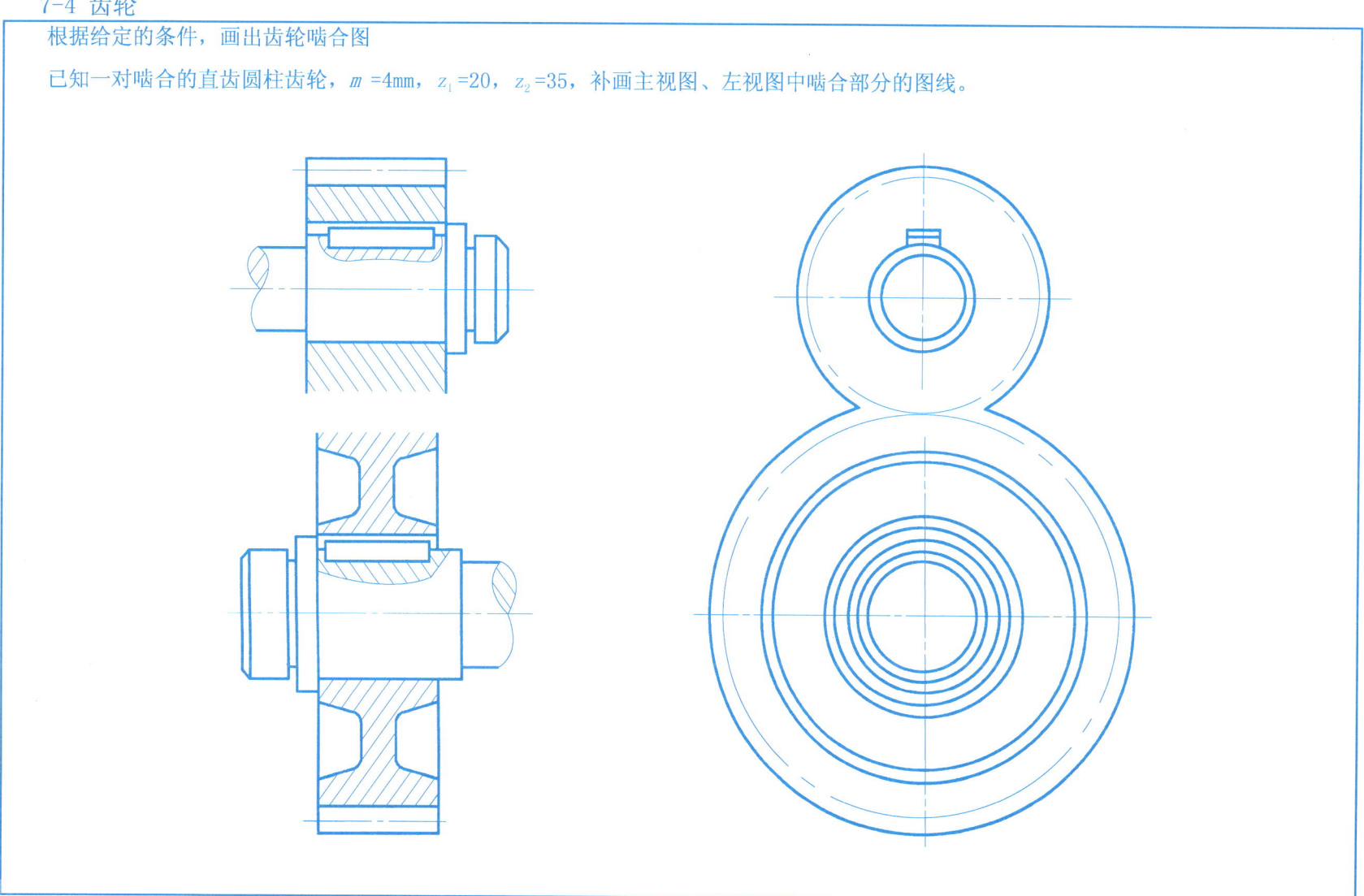

7-5 滚动轴承

已知轴支撑处的直径为 φ20mm，分别用规定画法和特征画法画出轴和轴承的装配图

1. 用规定画法画出轴和轴承的装配图

   轴承 6204　GB/T 276—2013

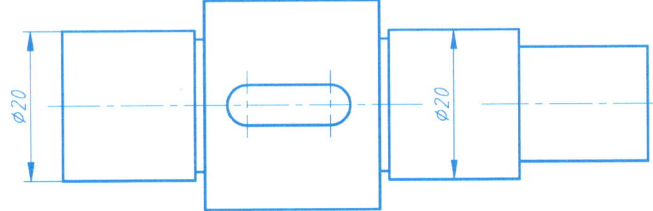

2. 用特征画法画出轴和轴承的装配图

   轴承 6204　GB/T 276—2013

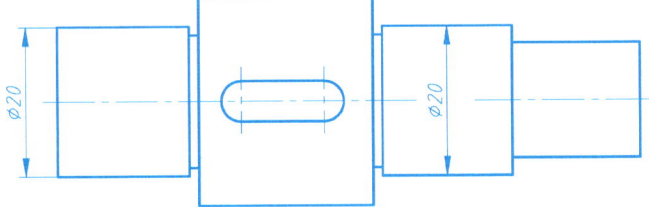

模块八 零件图

8-1 表面粗糙度

1. 按所给的表面粗糙度在下列图中标注表面粗糙度代号（除 D 表面外所有表面均经过切削加工）

各表面的 Ra 值如下：
圆孔内表面为 $Ra1.6\mu m$　　上、下表面均为 $Ra3.2\mu m$
左、右表面均为 $Ra6.3\mu m$　　A、B 表面均为 $Ra12.5\mu m$
C 表面为 $Ra6.3\mu m$　　D 面为非加工面

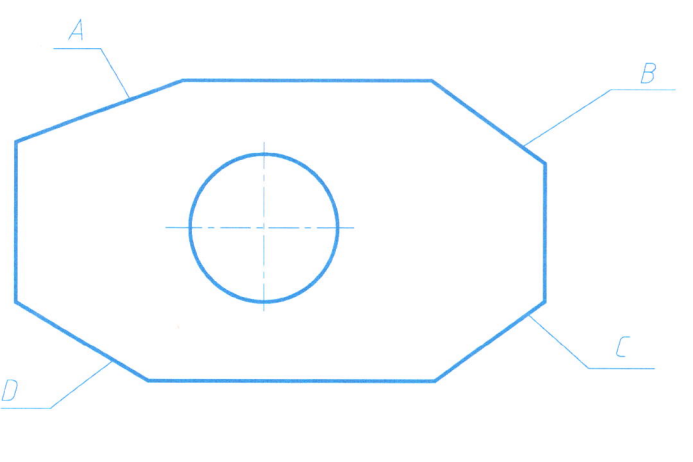

2. 按所给的表面粗糙度在下列图中标注表面粗糙度代号（所有表面均经过切削加工）

各表面的 Ra 值如下：
120°锥面：$Ra6.3\mu m$　　$\phi 38$ 内孔：$Ra3.2\mu m$
$\phi 25$ 内孔：$Ra1.6\mu m$　　左端面：$Ra3.2\mu m$
右端面：$Ra6.3\mu m$　　其余：$Ra12.5\mu m$

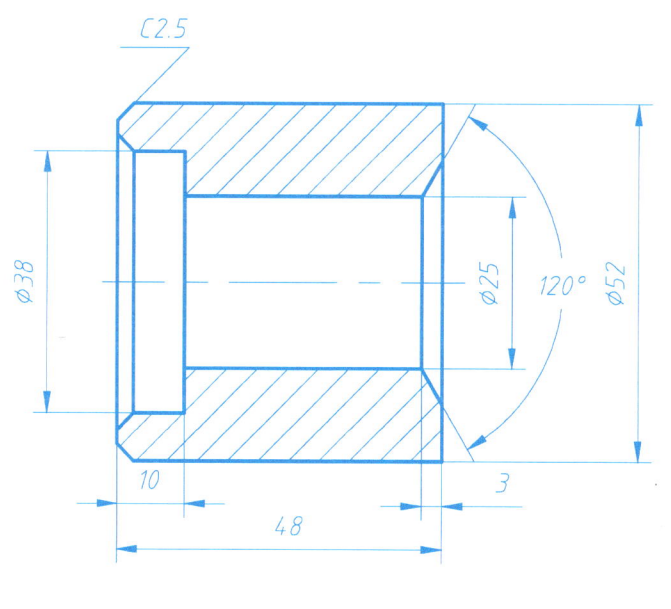

8-1 表面粗糙度

3. 标注零件尺寸（按 1:1 从图中量取尺寸，取整数），按表中给出的 Ra 数值，在图中标注表面粗糙度

表 面	A	B	C	D	其余
Ra	6.3	3.2	1.6	12.5	25

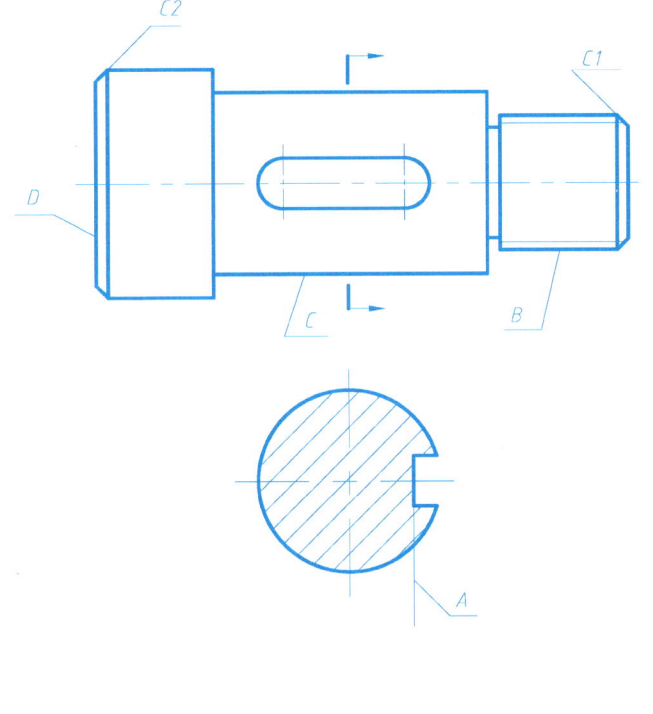

4. 标注零件尺寸（按 1:1 从图中量取尺寸，取整数），按表中给出的 Ra 数值，在图中标注表面粗糙度

表 面	A	B	C	D	其余
Ra	0.8	1.6	3.2	6.3	12.5

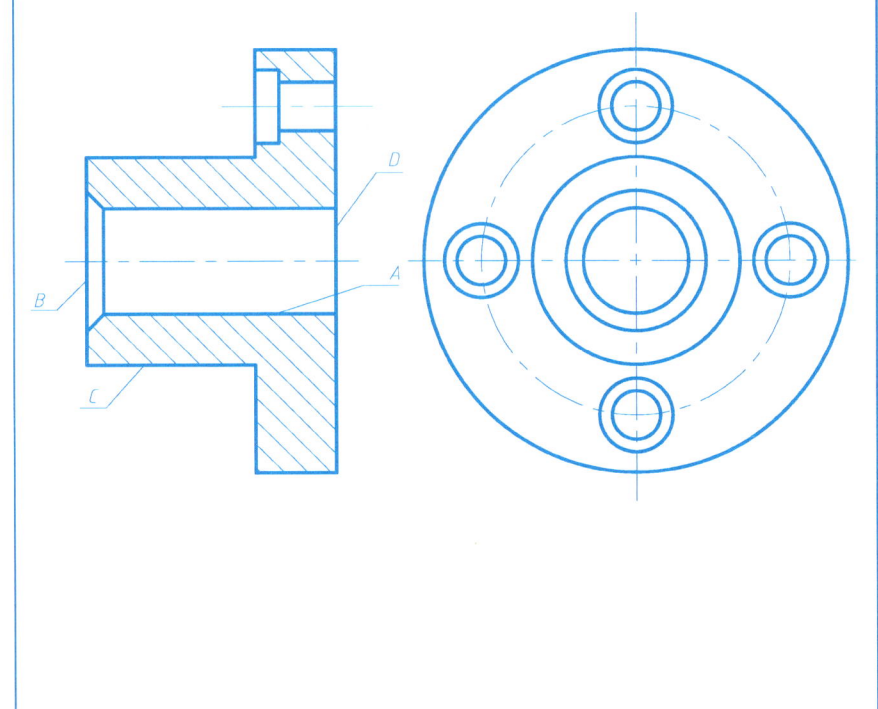

8-2 极限与配合

1. 说明下列图中零件的配合代号及其含义

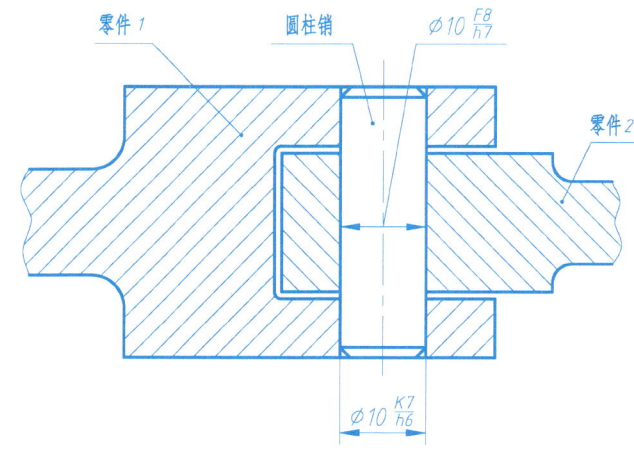

（1）零件1与圆柱销的配合代号为_____。

零件2与圆柱销的配合代号为_____。

（2）$\phi 10\dfrac{F8}{h7}$ 的含义是：

① 相配合孔、轴的基本尺寸为_____。

② 配合的基准制为_____。

③ 孔的基本偏差代号为_____，公差等级为_____。

④ 轴的基本偏差代号为_____，公差等级为_____。

2. 根据配合代号，查表标注出孔和轴的偏差值

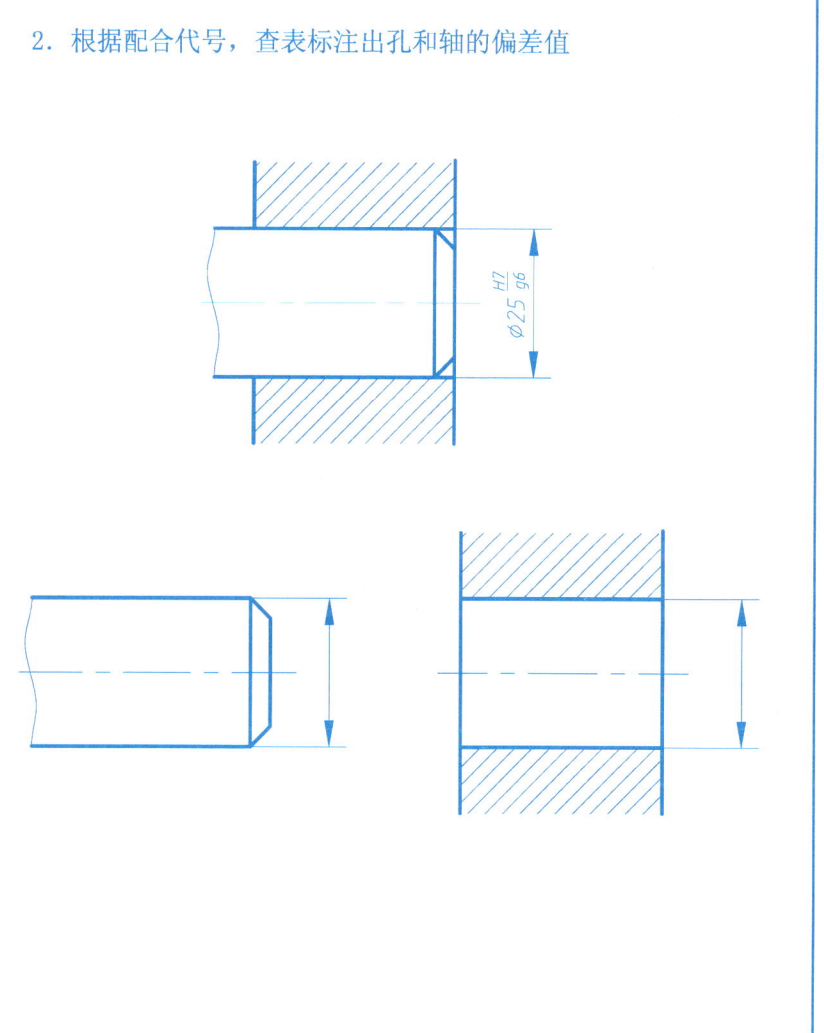

8-2 极限与配合

3. 根据装配图上标注的配合代号，查出偏差值，标注在零件图上（标注内容：基本尺寸、公差带代号、极限偏差值），并完成填空题

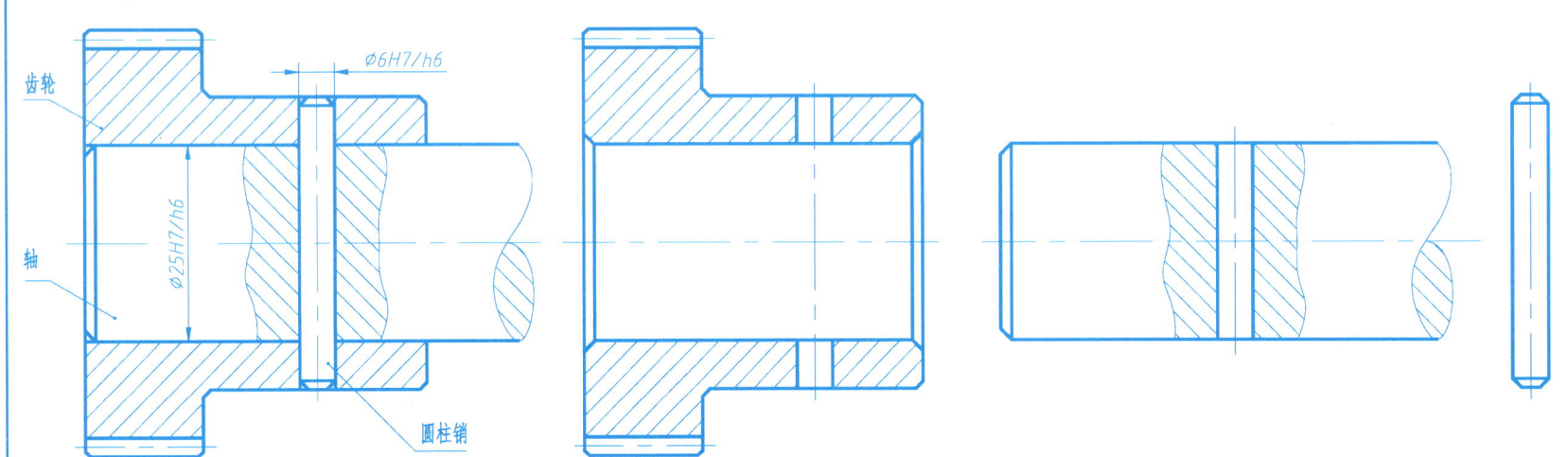

（1）圆柱销与齿轮及轴孔 ϕ6H7/h6：基本尺寸为_____，公差等级孔为____级，轴为____级，属于基____制的_____配合。

圆轴销：上偏差_____，下偏差_____；轴孔：上偏差_____，下偏差_____。

（2）轴与齿轮 ϕ25H7/h6：基本尺寸为_____，公差等级孔为____级，轴为____级，属于基____制的_____配合。

轴：上偏差_____，下偏差_____；齿轮：上偏差_____，下偏差_____。

8-3 形位公差

说明图中所注形位公差框格的含义

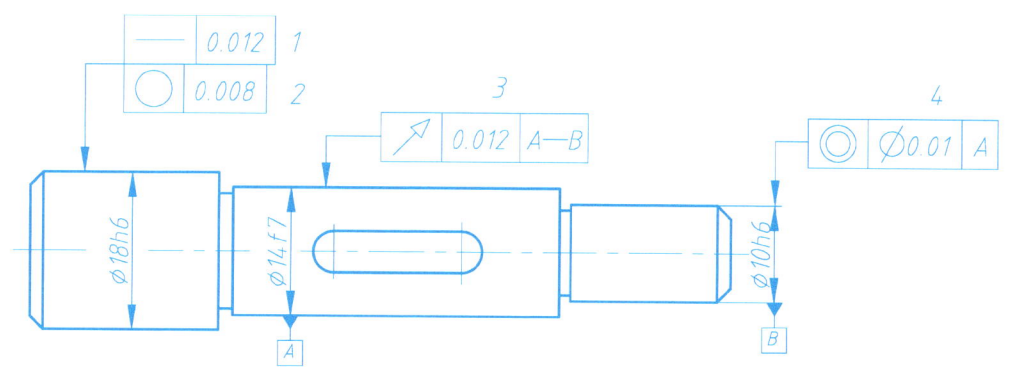

框格 1 的含义：被测要素是_____，公差项目是_____，公差值是_____。

框格 2 的含义：被测要素是_____，公差项目是_____，公差值是_____。

框格 3 的含义：被测要素是_____，公差项目是_____，公差值是_____。

框格 4 的含义：被测要素是_____，公差项目是_____，公差值是_____。

8-4 读零件图

1. 读懂轴的零件图，并回答问题

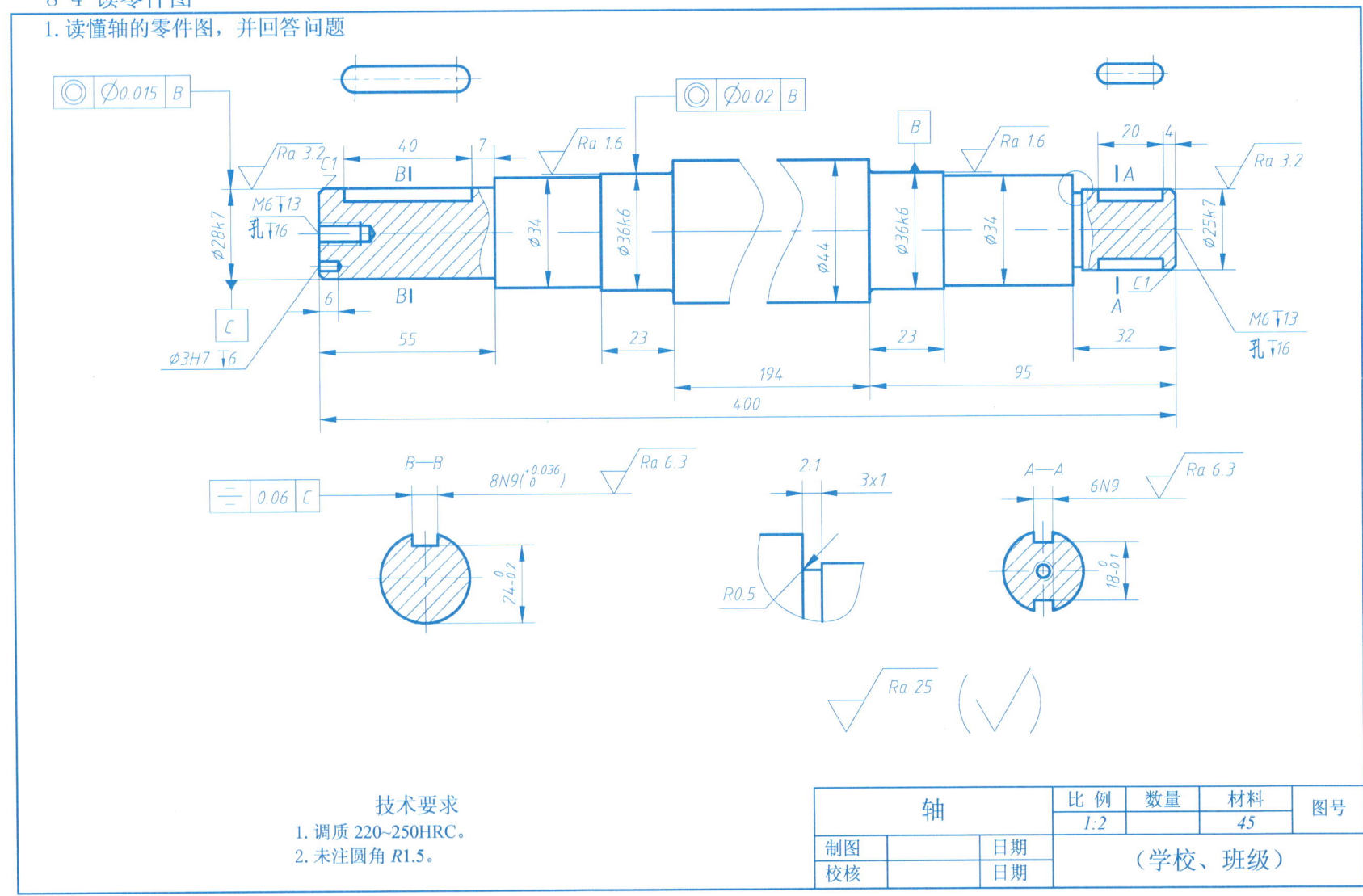

技术要求
1. 调质 220~250HRC。
2. 未注圆角 R1.5。

8-4 读零件图

轴零件图的读图问题：

(1) 零件名称：_____，材料：_____，比例：_____。

(2) 该零件共用_____个图形表达，视图名称分别是_____。

(3) 轴上有_____处键槽，它们的定位尺寸分别为_____，定形尺寸分别为_____。

(4) 轴上有_____处倒角，倒角尺寸均为_____。

(5) 轴上退刀槽有_____处，其中退刀槽尺寸 3×1 表示槽宽为_____，槽深为_____。

(6) 尺寸 φ36k6 表示其基本尺寸_____，上偏差为_____，下偏差为_____，最大极限尺寸为_____，最小极限尺寸为_____，公差为_____。

(7) 在图中指出该零件的轴向和径向尺寸主要基准，用 ↗ 表示。

(8) 图中有_____处形位公差代号，解释框格 ⊚|⌀0.02|B 的含义：被测要素是_____，基准要素是_____，公差项目是_____，公差值是_____；框格 =|0.06|C 的含义：被测要素是_____，基准要素是_____，公差项目是_____，公差值是_____。

8-4 读零件图

2. 读懂端盖的零件图，并回答问题

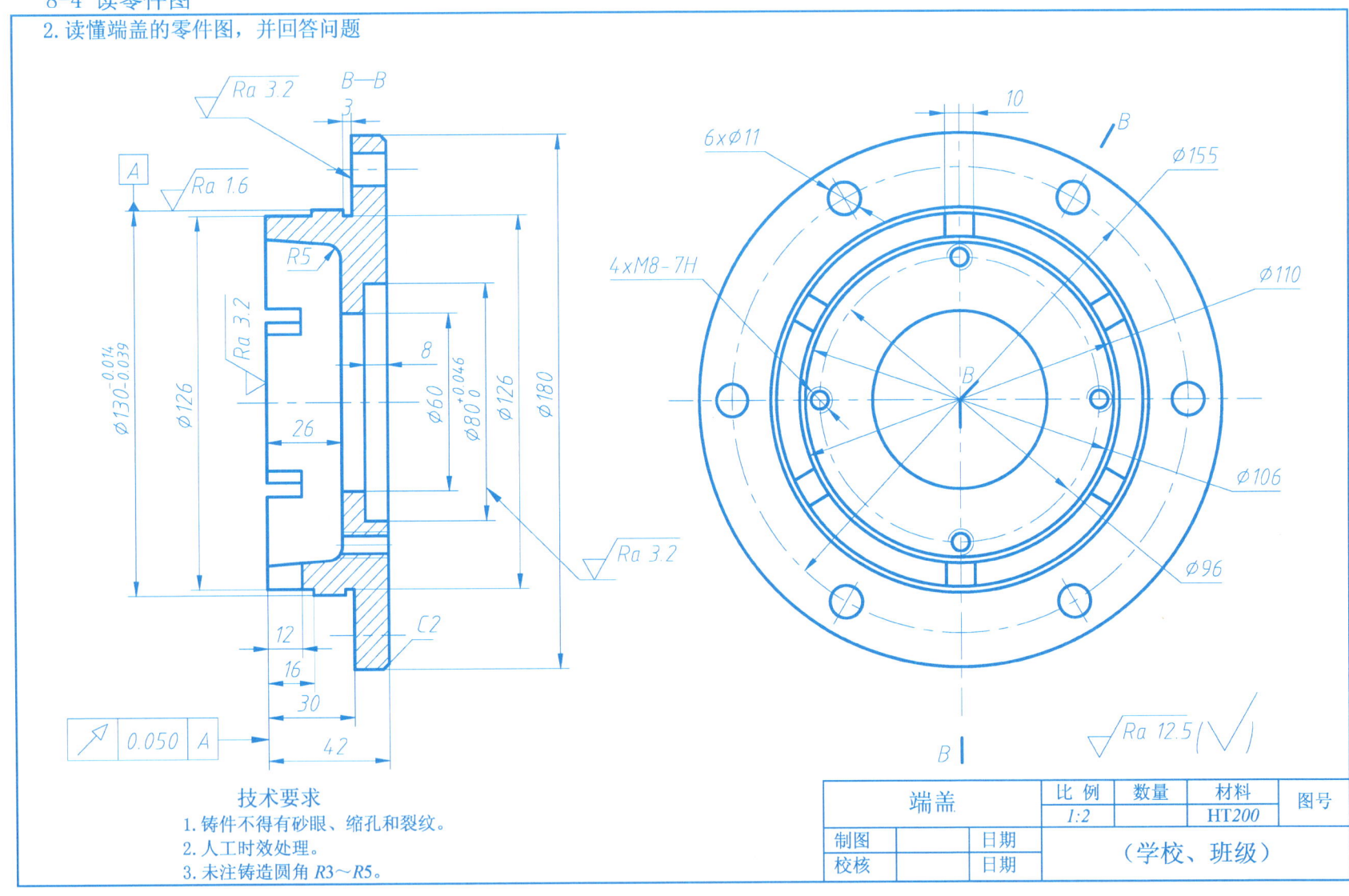

技术要求
1. 铸件不得有砂眼、缩孔和裂纹。
2. 人工时效处理。
3. 未注铸造圆角 R3～R5。

8-4 读零件图

端盖零件图的读图问题：

(1) 零件名称：_____，材料：_____，比例：_____。

(2) 该零件采用了_____视图和_____视图两个基本视图表达，主视图采用_____剖视图，剖切方法为_____。

(3) 端盖左端有_____个槽，槽宽为_____，槽深为_____。

(4) 端盖周围有_____个圆孔，它们的直径为_____，定位尺寸为_____。

(5) 图中尺寸 4×M8-7H 表示_____，螺孔的定位尺寸为_____。

(6) 图中尺寸 $\phi 130_{-0.039}^{-0.014}$ 其基本尺寸_____，上偏差为_____，下偏差为_____，最大极限尺寸为_____，最小极限尺寸为_____，公差为_____。

(7) $\phi 130_{-0.039}^{-0.014}$ 外圆柱面的表面粗糙度 Ra 值为_____，Ra 值选取较小是因为该表面是_____。

(8) 在图中指出该零件的轴向和径向尺寸主要基准，用 ⌭ 表示。

(9) 按原图大小画出端盖右视外形图。

(10) 解释图中形位公差代号含义：框格 | ⌭ | 0.050 | A | 表示：被测要素是_____，基准要素是_____，公差项目是_____，公差值是_____。

8-4 读零件图

3.读懂托架零件图,并回答问题

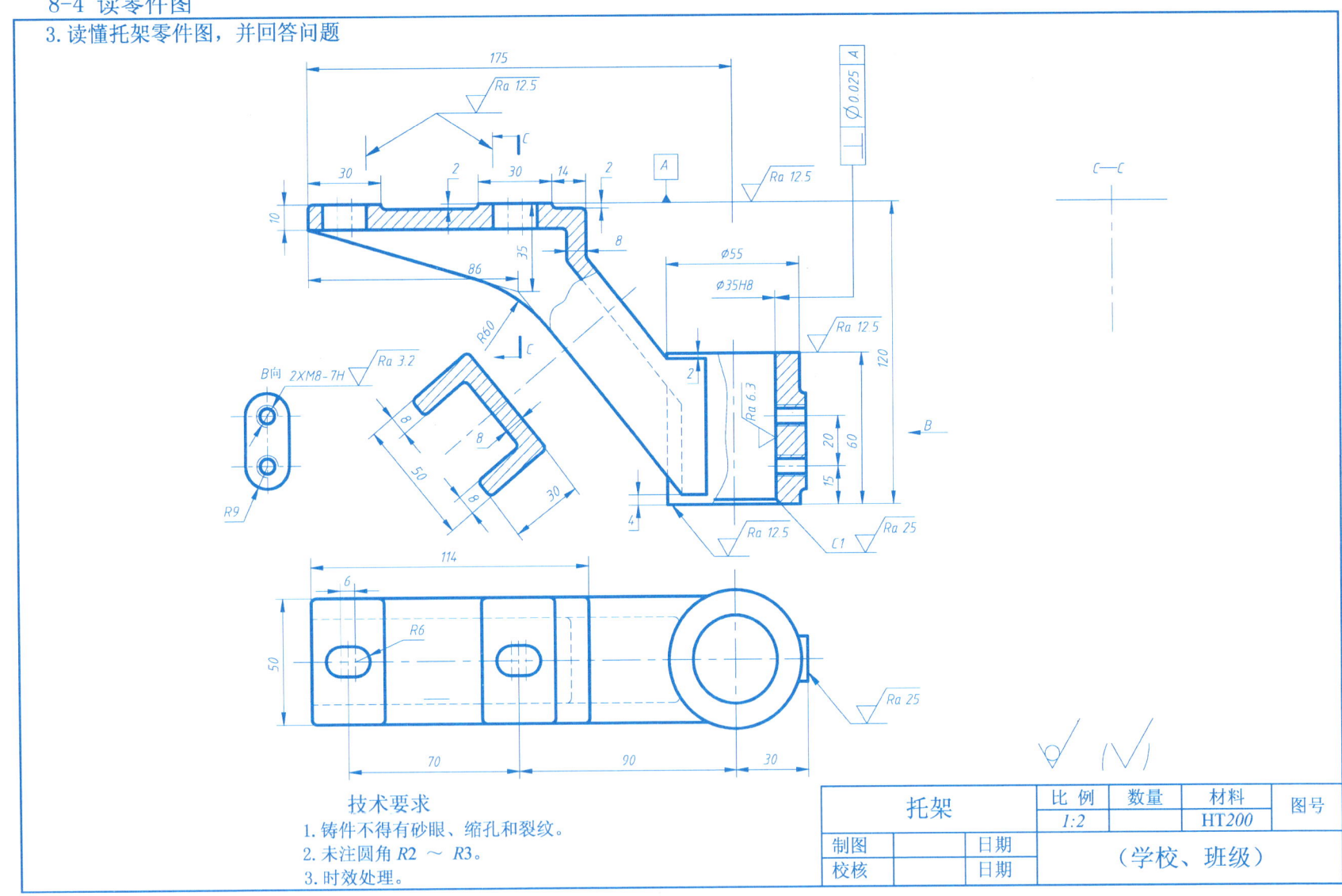

8-4 读零件图

托架零件图的读图问题：

(1) 零件名称：_____，材料：_____，比例：_____。

(2) 该零件共用_____个图来表达，它们分别是_____视图、_____视图、_____视图和一个_____，其中主视图上有两处采用_____剖视。

(3) 在图中指出该零件长、宽、高方向尺寸主要基准，用 ↗ 表示。

(4) 孔 φ35H8 的最大极限尺寸为_____，最小极限尺寸为_____，公差为_____，H8 表示_____，H 表示_____，8 表示_____。

(5) B 向图中两螺孔的中心距是_____。

(6) 该零件表面粗糙度共有_____级，其中要求最高的表面 Ra 值是_____μm，要求最低的表面粗糙度符号是_____。

(7) 按原图大小在图中指定位置画出 C—C 剖视图。

(8) 解释主视图中形位公差代号含义：框格 ⊥ | φ0.025 | A 表示：被测要素是_____，基准要素是_____，公差项目是_____，公差值是_____。

8-4 读零件图

4. 读懂泵体零件图,并回答问题

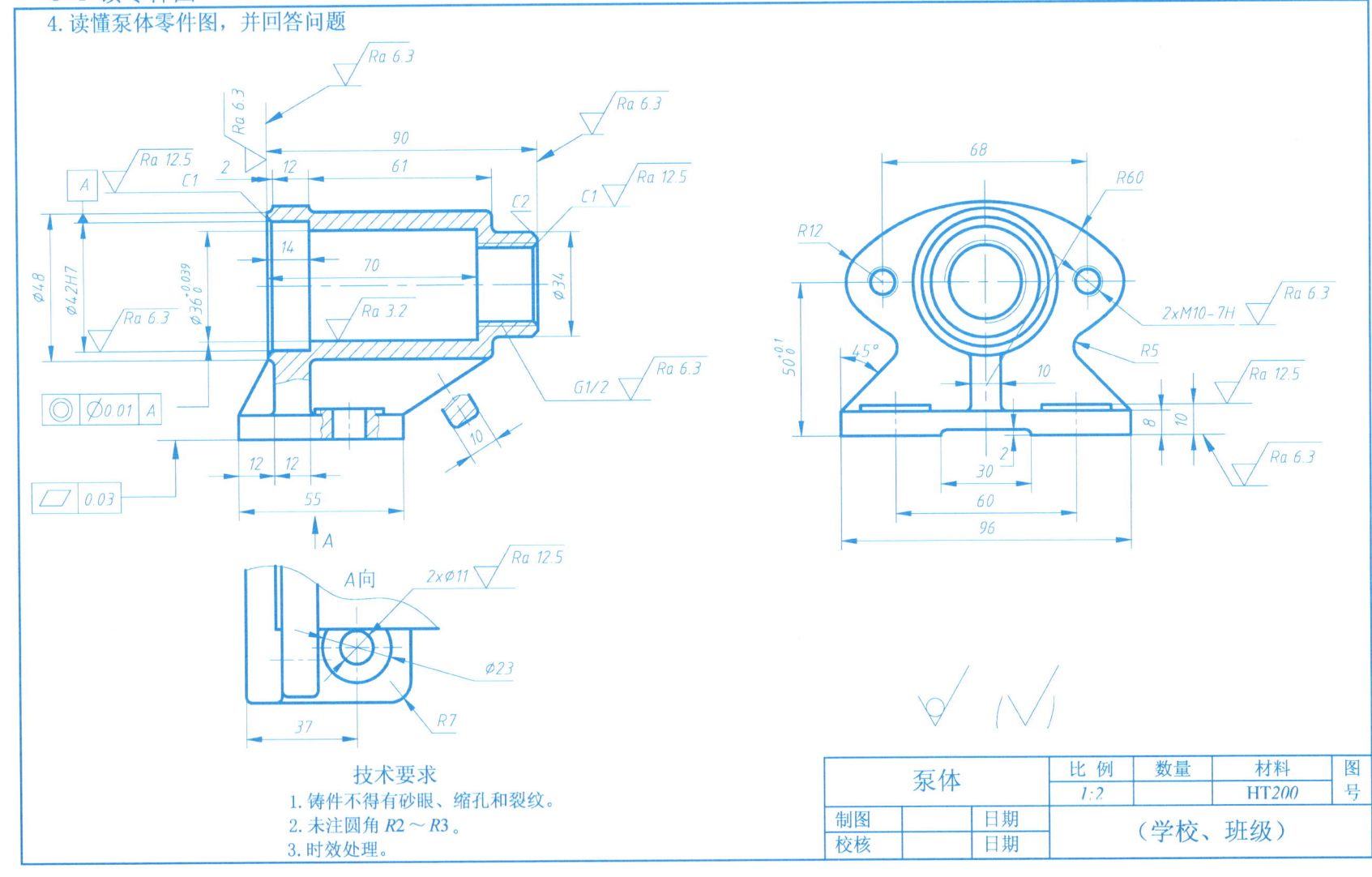

8-4 读零件图

泵体零件图的读图问题：

(1) 零件名称：_____，材料：_____，比例：_____。

(2) 零件采用了_____个视图来表达，主视图上两处采用_____剖视，用来表达_____结构；为了表达肋板的断面形状采用了_____断面；A向_____视图主要是为了表达_____。

(3) 底板上两个螺栓孔 $\phi 11$ 的定位尺寸为_____。

(4) 表面粗糙度要求最高的有_____处，其 Ra 值为_____μm。

(5) $2\times M10-7H$ 的含义为_____。它们的定位尺寸为_____。它们的位置在厚度为_____mm 的薄板上。

(6) $G1/2$ 表示_____。

(7) $\phi 42H7$ 表示_____。

(8) 解释主视图中形位公差代号含义：框格 ∠ 0.03 表示：被测要素是_____，公差项目是_____，公差值是_____。框格 ◎ $\phi 0.01$ A 表示：被测要素是_____，基准要素是_____，公差项目是_____，公差值是_____。

模块九　装配图

9-1　读装配图

1. 读下列钻模装配图，并回答问题

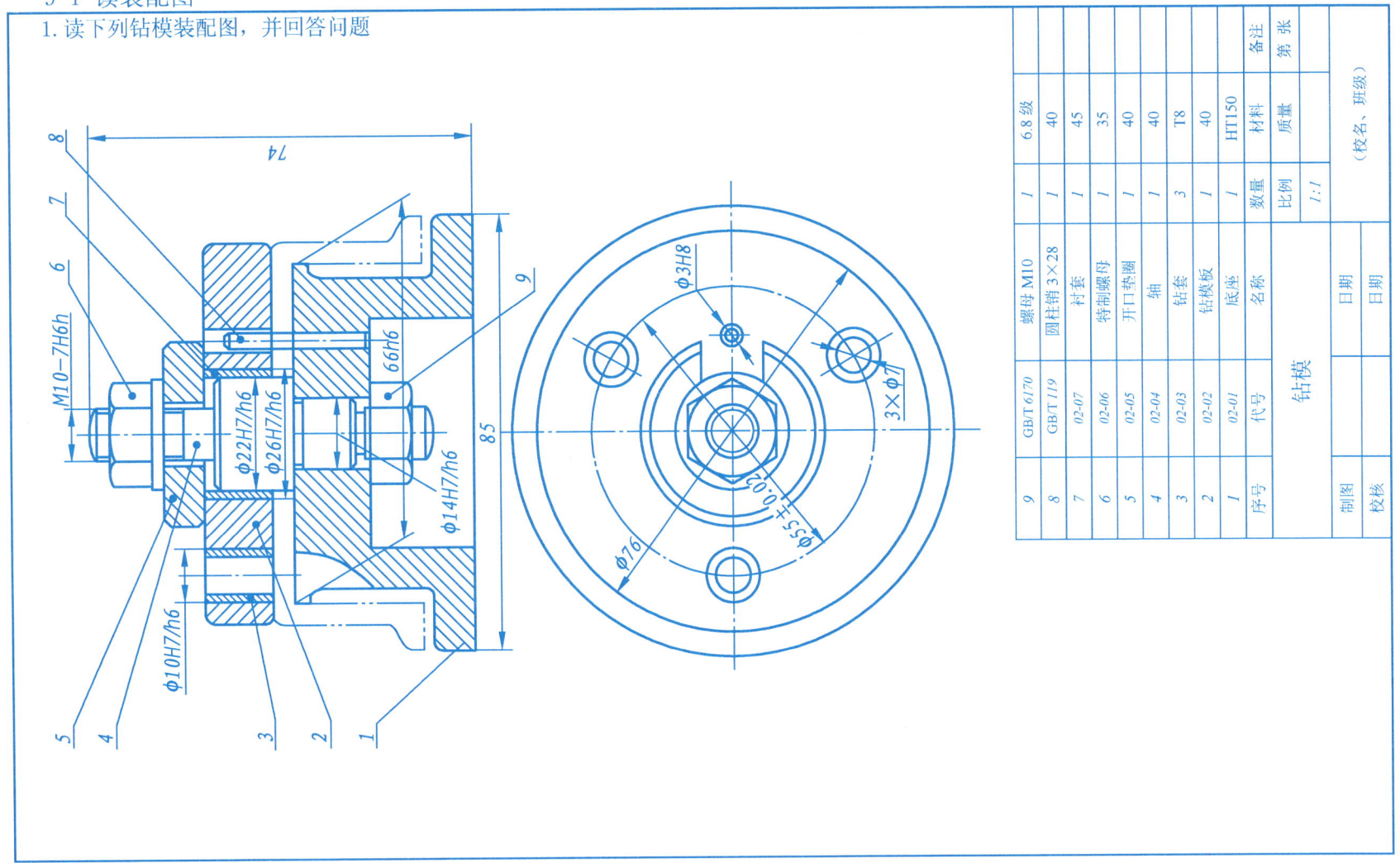

9-1 读装配图

钻模装配图的读图问题：

（1）该钻模是由_____种共_____个零件组成。

（2）主视图采用了_____剖，剖切面与机件前后方向的_____重合，故省略了标注。

（3）底座的侧面有_____个弧形槽，与被加工工件的定位尺寸为_____。

（4）钻模板 2 有_____个 φ10 孔，钻套 3 的主要作用是_____，图中双点画线表示_____，系_____画法。

（5）φ22H7/h6 是件号_____和件号_____的配合尺寸，H 表示件号_____的公差带代号，h 表示件号_____的公差带代号，7 和 6 代表_____。

（6）简述工件的安装过程以及加工结束后取下工件的操作过程。

（7）与底座相邻的零件有_____(只写件号)。

（8）钻模的外形尺寸：长_____、宽_____、高_____。

9-1 读装配图

2.读懂旋阀的装配图,并回答读图问题

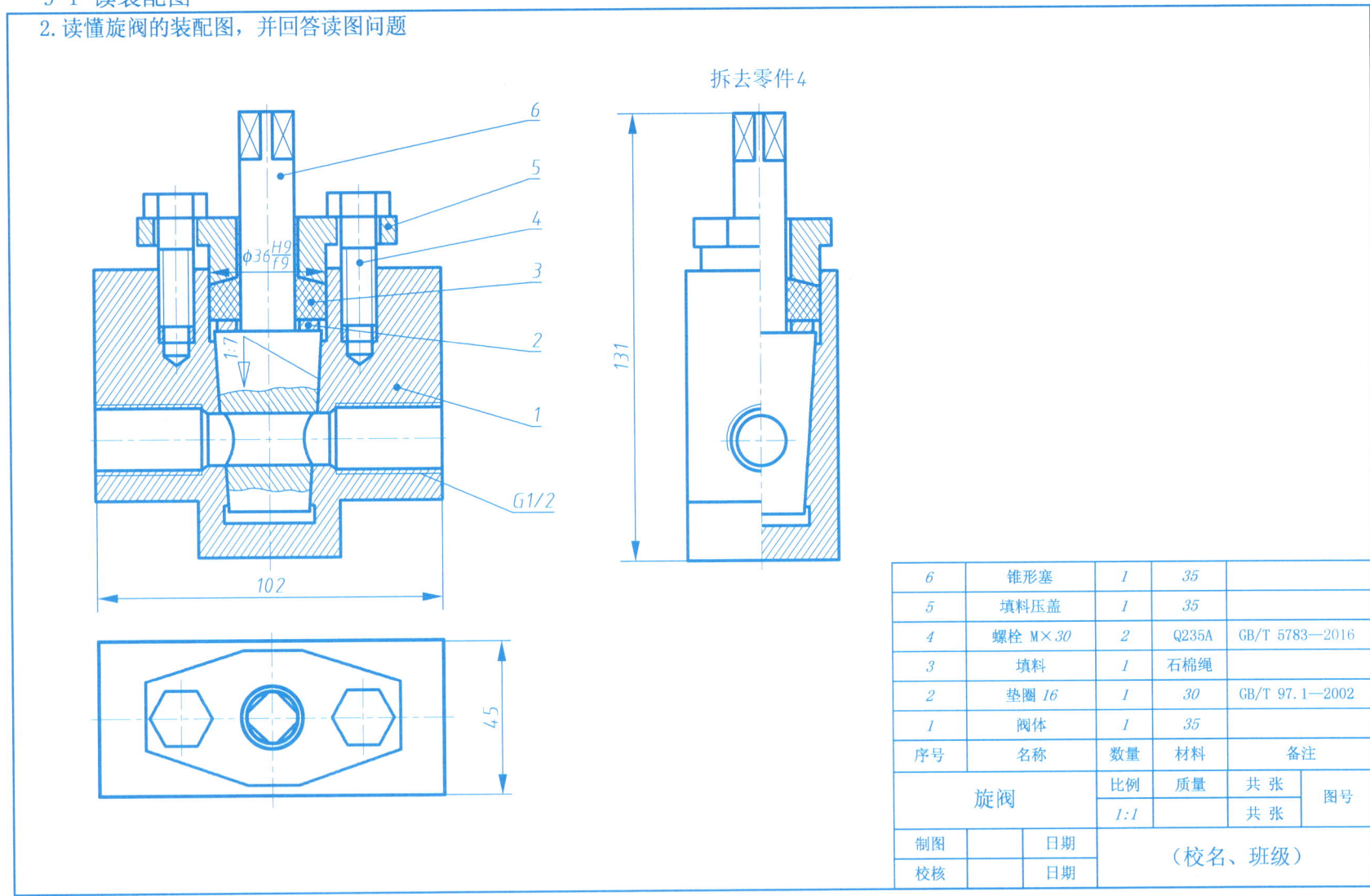

9-1 读装配图

工作原理

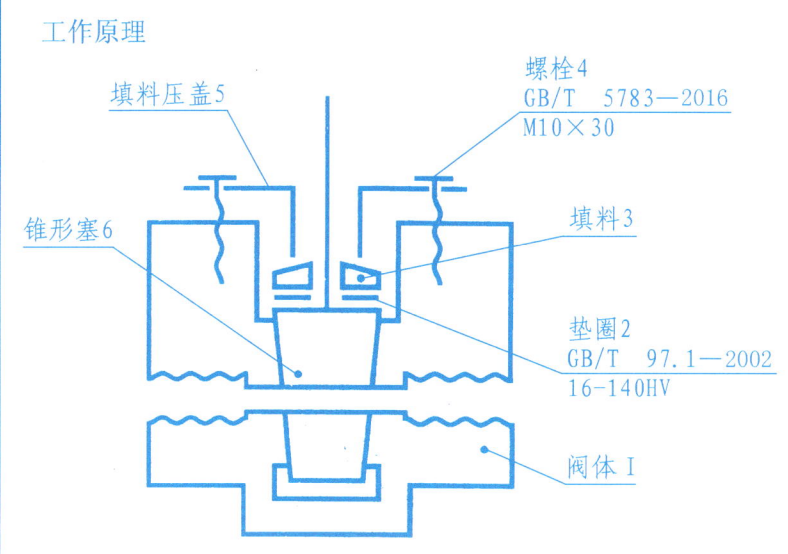

旋阀以阀体Ⅰ两端的螺纹孔连接于管道上，作为开关装置。其特点是开、关迅速，并可以控制液体流量，图中表示阀处于全开的位置，此时锥形塞6上圆孔的轴线与管道轴线处于同一水平线上。当锥形塞6旋转90°以后，其上圆孔的轴线与管道轴线处于垂直位置，此时管道被锥形塞完全阻断。

为了防止泄漏，在锥形塞上部与阀体之间装有填料（石棉绳）3，并通过螺栓4将填料压盖5压紧。

旋阀装配图的读图问题：

（1）旋阀由_____种零件组成，其中标准件有_____种。

（2）旋阀共用_____个视图表示，主视图采用了_____图，左视图采用了_____图。

（3）锥形塞6是实心零件，为表示其上的孔与阀体Ⅰ上孔的连接关系，采用了_____剖。

（4）分析装配图中的尺寸，其中102是_____尺寸，45是_____尺寸，131是_____尺寸，$\phi 36 \dfrac{H9}{f9}$是零件_____和零件_____的配合尺寸，它的含义是_____。

（5）拆画阀体Ⅰ的零件图。

9-1 读装配图

3. 读懂下列管钳装配图，并完成提出的问题

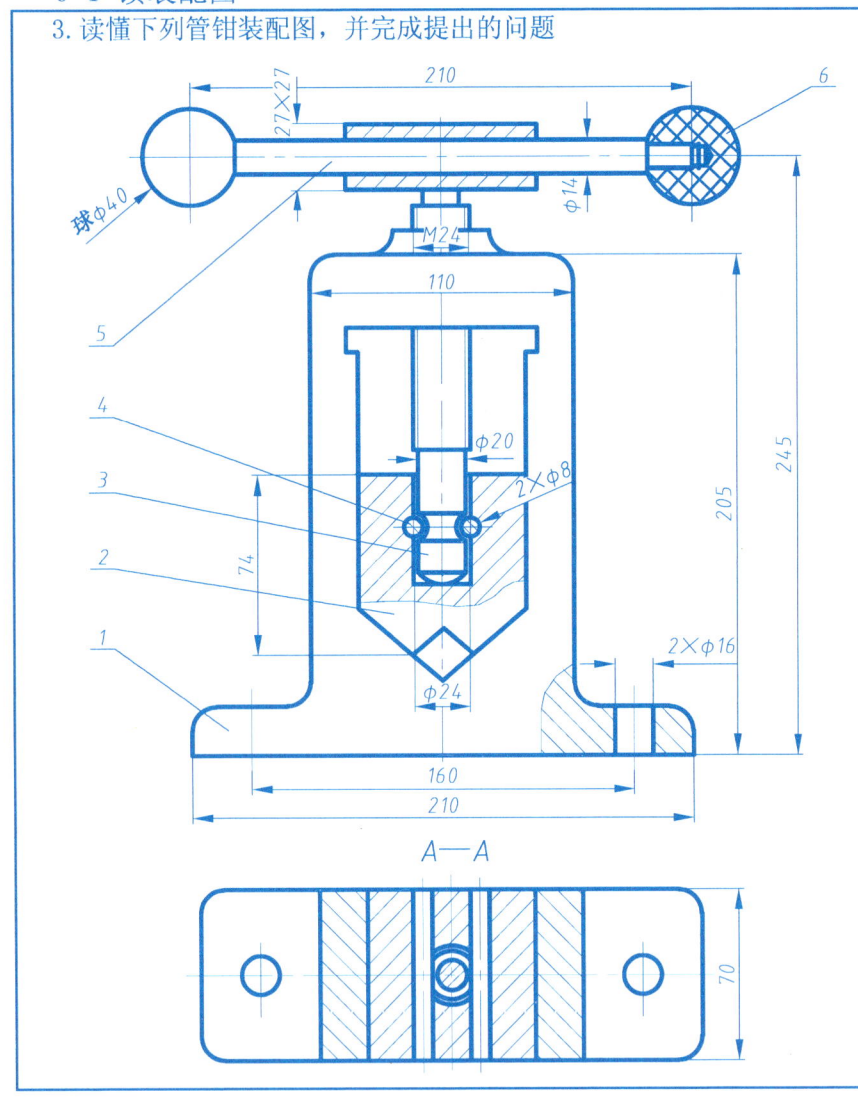

管钳的工作情况：

　　管钳是用来夹持管子的。螺杆上外螺纹与机体的内螺纹旋合，当转动螺杆时，螺杆就会上下运动，螺杆向下运动时，螺杆带动滑块加紧管子，当螺杆向下运动时，由于卡箍将滑块与螺杆连接，就会带动滑块上升从而松开管子。

看懂装配图，完成下列题目：
(1) 根据管钳的装配图拆画1号零件工作图；
(2) 写出管钳的拆卸顺序；
(3) 简要叙述管钳的工作原理。

6	手柄球	1	尼龙6	905-06
5	手柄	1	45	905-05
4	卡箍	1	65Si2Mn	905-04
3	丝杠	1	45	905-03
2	管钳夹	1	ZG2000—400	905-02
1	底座	1	ZG2000—400	905-01
序号	零件名称	数量	材料	备注
管钳		比例	质量 共 张	图号
		1:2	第 张	
制图		日期	（校名、班级）	
校核		日期		

9-2 由装配图拆画零件图

看懂下列装配图,并完成提出的问题

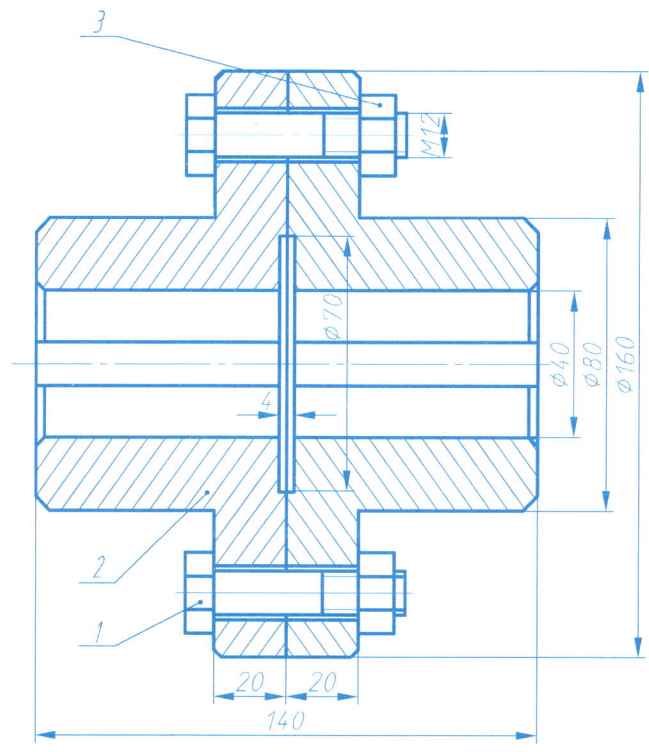
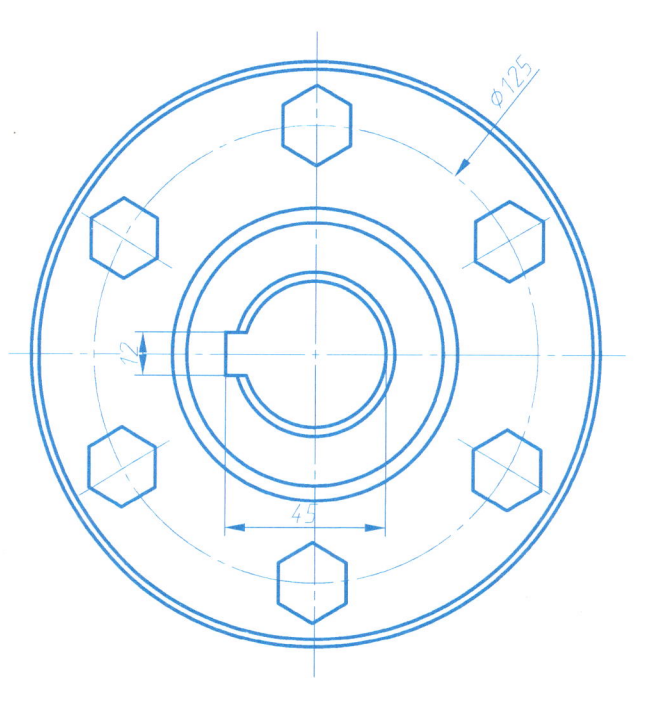

看懂装配图,完成下列题目:

(1) 根据联轴器的装配图拆画 2 号零件工作图;

(2) 写出联轴器的拆卸顺序;

(3) 简要叙述联轴器的工作原理。

3	螺母	6	35	GB/T 6170—2015
2	轴节	2	45	906-01
1	螺栓 M12×55	6	35	GB/T 5780—2016
序号	零件名称	数量	材料	代号

联轴器	比例	质量	共 张	906-00
	1:2		第 张	
制图		日期	(校名、班级)	
校核		日期		

9-3 画装配图

根据装配示意图和零件图，画铣刀头装配图

(1) 目的： 学习装配图的绘制方法，培养画装配图的能力。

(2) 要求：

①掌握装配图的视图方案选择；

②掌握装配图的画法与尺寸标注；

③进一步培养看零件图的能力和巩固常用件、标准件的应用与画法。

(3) 内容：

①根据给定的零件图或装配示意图，拼画装配图；

②根据给定的装配图，看懂装配图并回答有关问题。

(4) 注意事项：

①画图前，需看懂零件图，了解部件的工作原理、各零件之间的装配连接关系；

②要从能反映工作原理和装配关系出发，选好表达方案；

③初次拼画装配图不熟练，可先在草稿纸上试画，然后再正式绘图。

1.铣刀头装配示意图

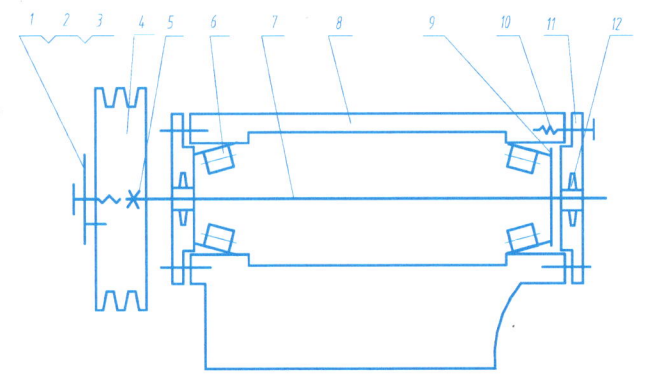

12	毡圈	2	羊毛毡	
11	端盖	2	HT200	
10	螺钉	12	35	GB/T 70.1—2008—M8×20
9	调整环	1	35	
8	座体	1	HT200	
7	轴	1	45	
6	轴承	2	GCr15	30307 GB/T 297—2015
5	键	1	45	GB/T 1096—2003—8×24
4	皮带轮A型	1	HT150	
3	销	1	35	GB/T 119.1—2000—B6×20
2	螺钉	1	35	GB/T 68—2016—M6×12
1	挡圈	1	35	GB/T 891—1986—35
序号	零件名称	数量	材料	备注

铣刀头　比例 1:2　质量　共张 第张　图号

制图　日期　　（校名、班级）
校核　日期

9-3 画装配图

2. 根据装配示意图和零件图,画铣刀头装配图
 (1) 座体的零件图

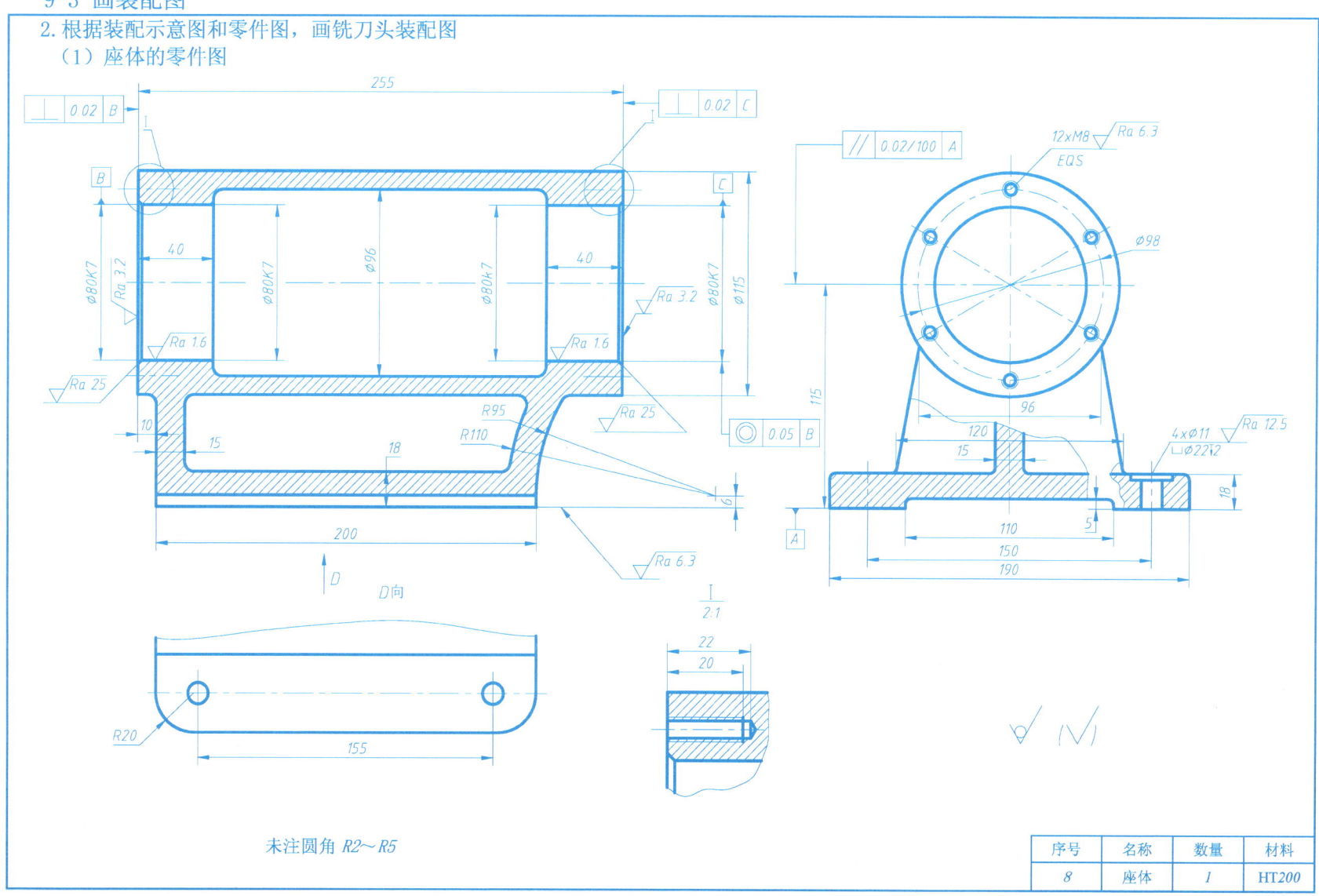

9-3 画装配图

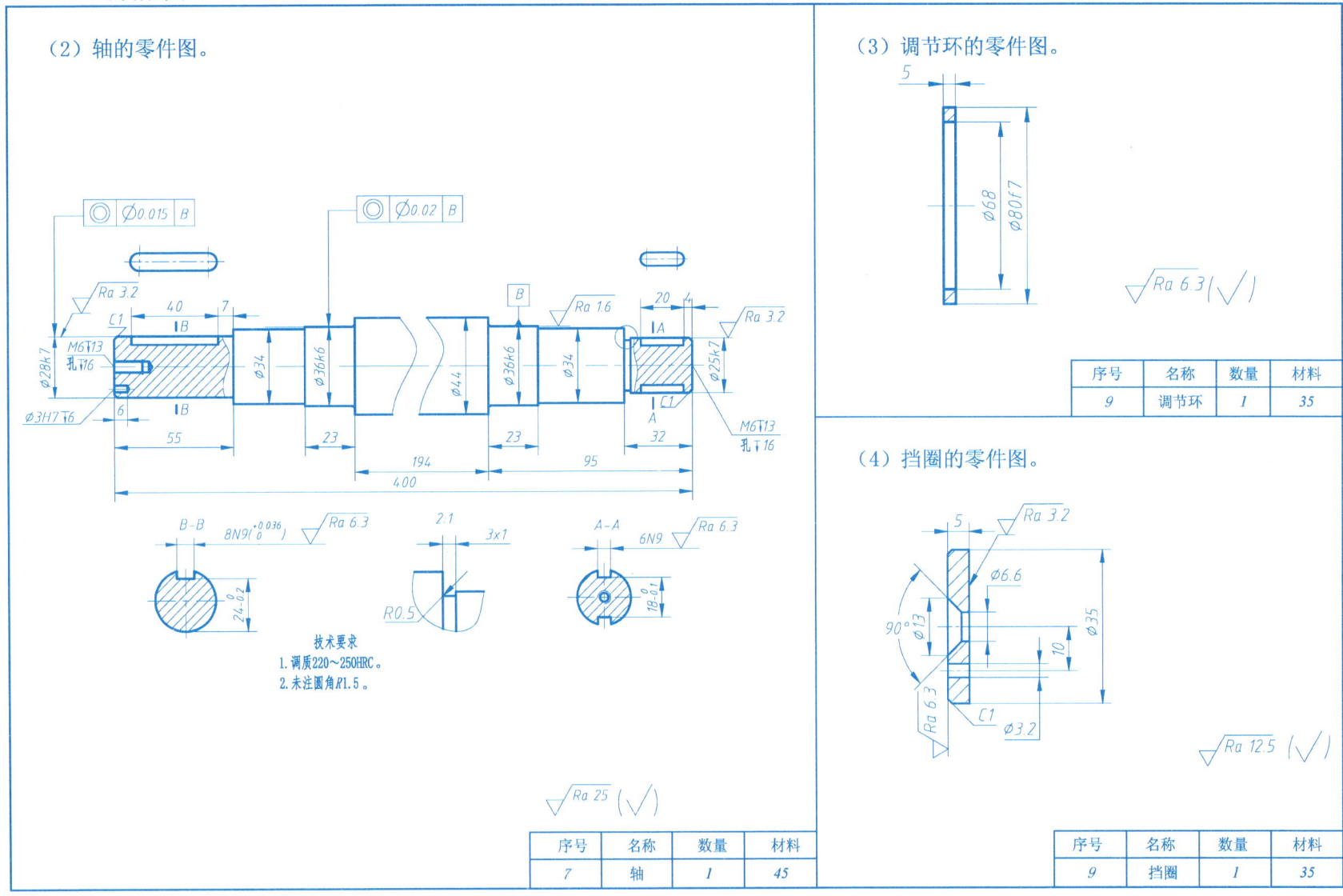

9-3 画装配图

（5）皮带轮的零件图。

（6）端盖的零件图。

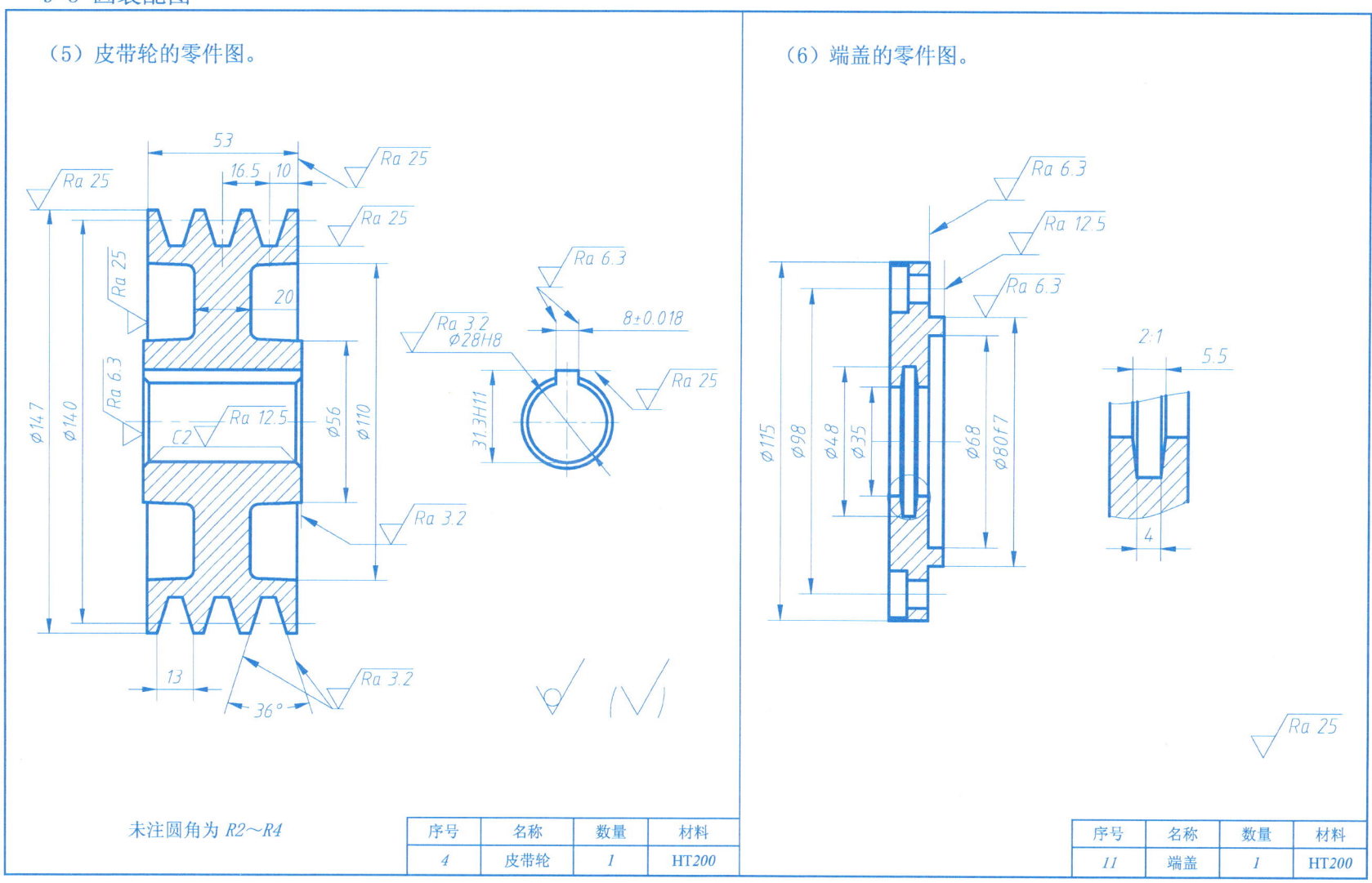

模块十　零部件测绘

10-1　零件测绘

(1) 内容：　根据轴类或轮盘类零件实物测绘零件，画出零件草图。

(2) 目的：　① 熟悉掌握零件测绘的基本技能和绘制零件草图的方法和步骤；
② 进一步培养根据零件结构特点，选择零件表达方案的能力；
③ 熟悉零件尺寸与技术要求的标注方法；
④ 熟悉掌握查阅有关标准手册；
⑤ 掌握量具的正确使用方法。

(3) 要求：　① 零件表达方案选择合理，视图表达完整、清晰；
② 零件结构，特别是工艺结构合理、完整、准确；
③ 尺寸与技术要求等标注完整、准确。

(4) 注意事项：　① 仔细分析零件作用及结构特点，选择适当的表达方法；
② 目测按大致比例徒手绘制零件草图，不使用仪器工具作图，但不得潦草，其内容、要求与零件工作图完全一致；
③ 选择合适的测量工具进行测量，边测量边标注尺寸；对于精度较高的尺寸应用游标尺、千分尺等测量，对于低精度的尺寸，用内、外卡钳和钢尺等测量；测量时，要正确地选择基准，由基准开始测量尺寸；
④ 对零件的标准结构要素（工艺结构、螺纹、键槽、销孔等）的尺寸应查阅有关国家标准手册确定；
⑤ 标注表面粗糙度、极限与配合、形位公差等技术要求；
⑥ 填写标题栏；
⑦ 对零件草图进行认真检查、修改后，整理画出零件工作图。

10-1 零件测绘

根据零件轴测图绘制零件图

1. 轴类零件

名称：轴
材料：45

2. 盘类零件

名称：轴承
材料：HT150

10-2 部件测绘

根据教材中平口钳的轴测图、装配示意图，对平口钳进行测绘，绘制其正式装配图和所有非标准件的零件图。

 (1) 内容：　根据平口钳测绘部件，画出装配草图和零件草图，整理出正式的装配图和零件图。

 (2) 目的：　① 熟悉掌握部件测绘的基本技能和绘制装配草图的方法和步骤；

     ② 进一步培养根据部件结构特点，选择部件表达方案的能力；

     ③ 熟悉部件的尺寸与技术要求的标注方法；

     ④ 熟悉掌握查阅有关标准手册；

     ⑤ 掌握量具的正确使用方法。

 (3) 要求：　① 了解平口钳的用途、性能、工作原理和结构特点，画出装配示意图；

     ② 画出所有非标准零件的零件草图；

     ③ 根据零件草图绘制装配草图；

     ④ 根据装配草图和零件草图绘制装配图；

     ⑤ 根据装配图和零件草图绘制零件图。

 (4) 注意事项：　①分析平口钳时，注意搞懂其工作原理，零件之间的装配关系；

      ②拆卸零件时注意妥善保管零件，尤其注意小零件、垫片等的保管，注意爱护工具及装配体；

      ③画装配图时，视图选择主要考虑工作原理、零件之间装配关系及主要零件的结构形状，零件的工艺结构等可省略不画，但画零件图时，必须画出；标准件不画零件图，应测量有关尺寸，查表确定其标注。

模块十一　焊接图

11-1 读焊接图

识别焊缝标记的含义并填空

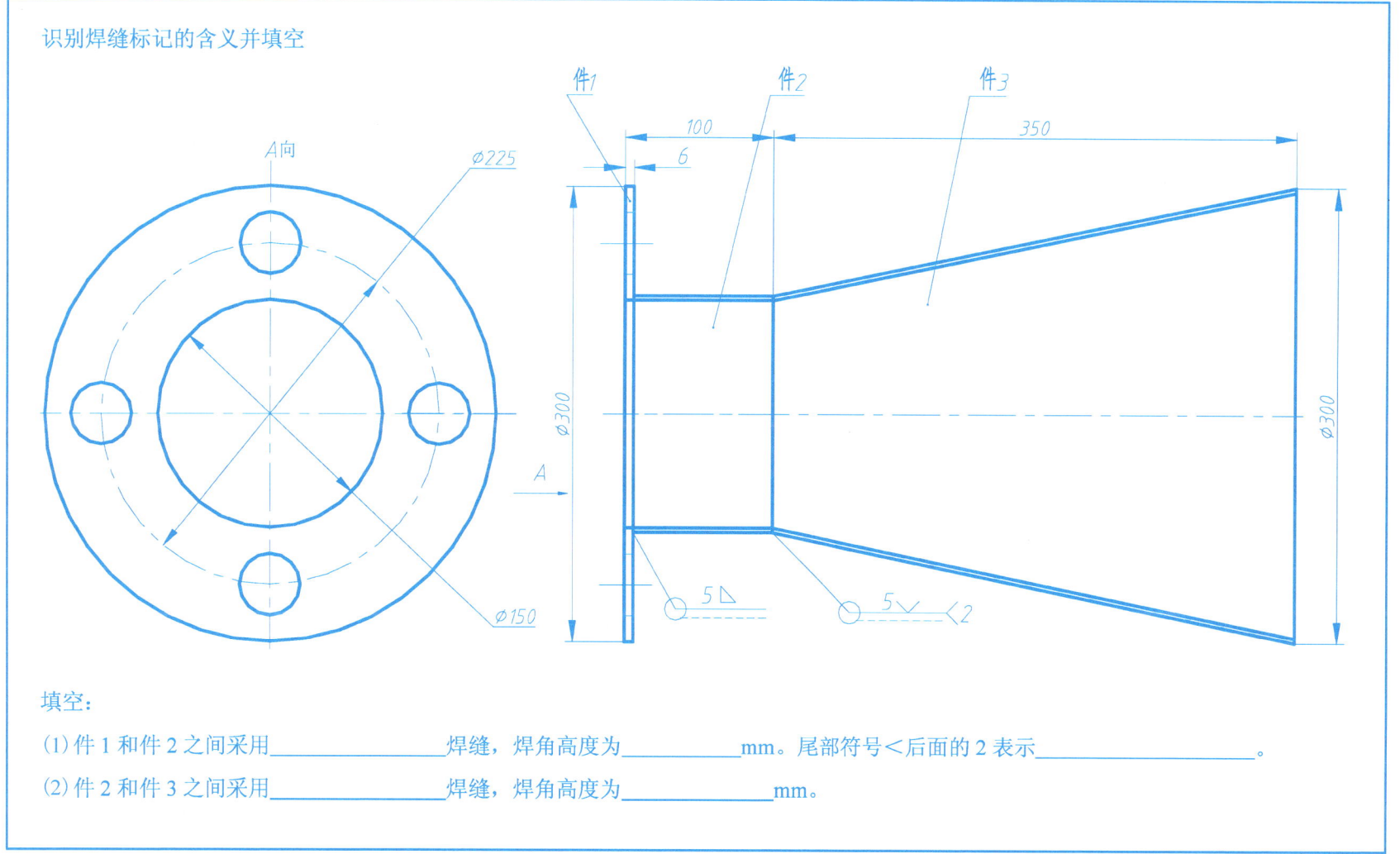

填空：

(1) 件1和件2之间采用＿＿＿＿＿＿焊缝，焊角高度为＿＿＿＿＿＿mm。尾部符号＜后面的2表示＿＿＿＿＿＿＿＿。

(2) 件2和件3之间采用＿＿＿＿＿＿焊缝，焊角高度为＿＿＿＿＿＿mm。

11-1 读焊接图

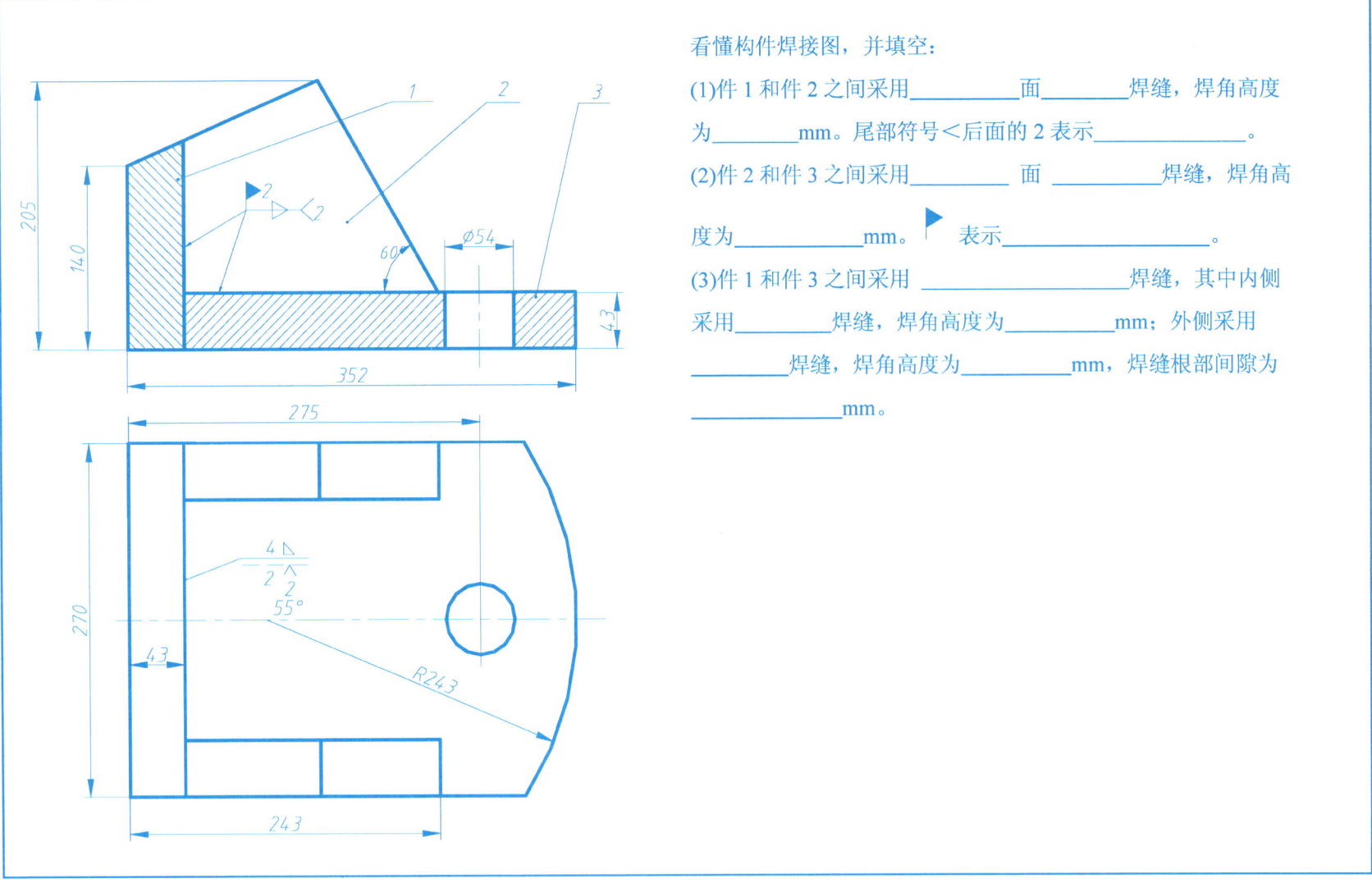

看懂构件焊接图，并填空：

(1)件1和件2之间采用_____面_____焊缝，焊角高度为_____mm。尾部符号＜后面的2表示_____。

(2)件2和件3之间采用_____面_____焊缝，焊角高度为_____mm。▶表示_____。

(3)件1和件3之间采用_____焊缝，其中内侧采用_____焊缝，焊角高度为_____mm；外侧采用_____焊缝，焊角高度为_____mm，焊缝根部间隙为_____mm。

11-2 焊接图标注

1. 根据焊件结构标注焊缝符号

2. 根据焊接件结构，合理选择并正确标注出各焊缝的代号

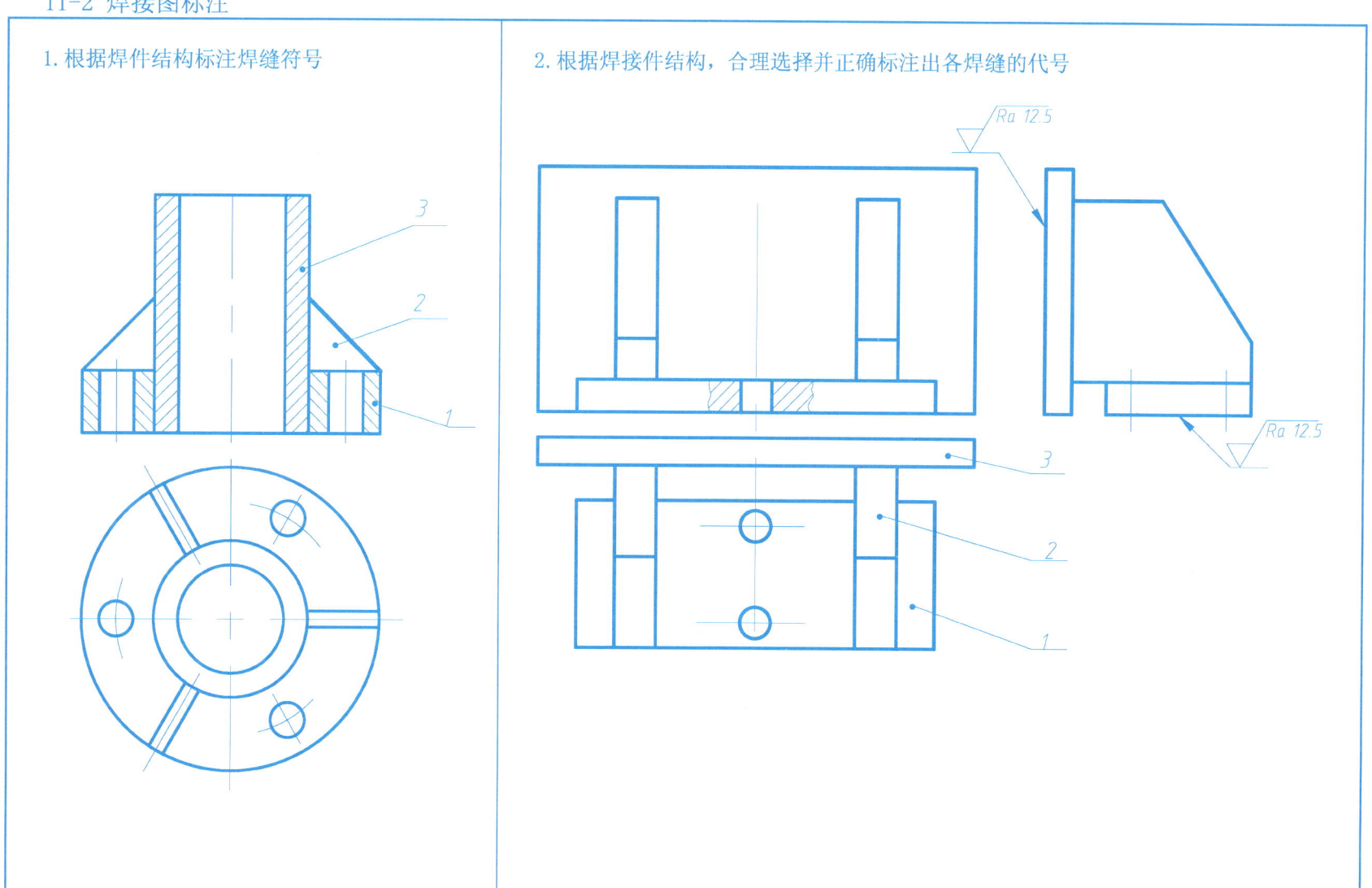

11-3 由焊接图拆画零件图

识读支架焊接图,拆画各零件图

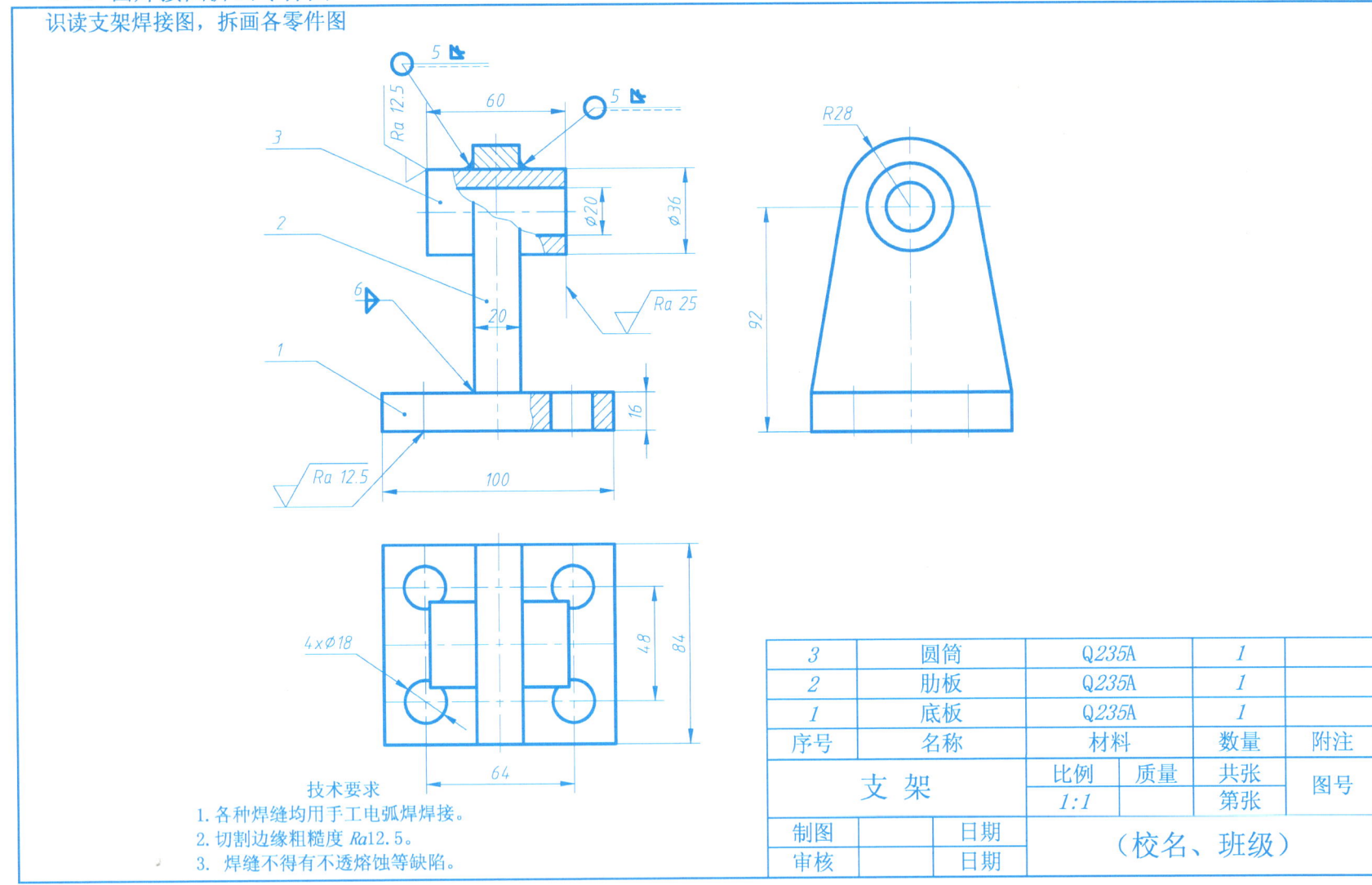

模块十二　化工工艺图和设备图

12-1　读化工工艺图

读润滑油精制工段带控制点的工艺流程图并填空。

(1) 该润滑油精制工段工艺过程共有设备 _____ 台，其中往复泵有 _____ 台，静设备有 _____ 台。

(2) 该工段主流程为：原料油与介质 _____ 在设备 _____ 内搅拌混合后，去圆筒炉加热。混合前，原料在设备 _____ 内与来自 _____ 设备的 _____ 油通过热交换进行预热。

(3) 对影响润滑油使用性能的轻质组分，在塔顶通过设备 _____ 和设备 _____ 抽入集油槽进行回收。

(4) 白土与润滑油混合后，吸附了润滑油原料中的机械杂质、胶质、沥青质等，再通过设备 _____ 进行分离。

(5) 精馏塔底吹入介质 _____，携带轻质馏分到塔顶，并进入冷凝器。循环冷却水来自 _____，分为两路，其中一路去设备 _____ 进行喷淋；另一路经过设备 _____ 后，去 _____ 塔。

(6) 在往复泵出口，就地安装有 _____ 仪表；在离心泵出口，就地安装有流量计仪表；原料油与白土混合后，在设备加热炉内部和出口，通过仪表测量并控制其 _____ 参数。

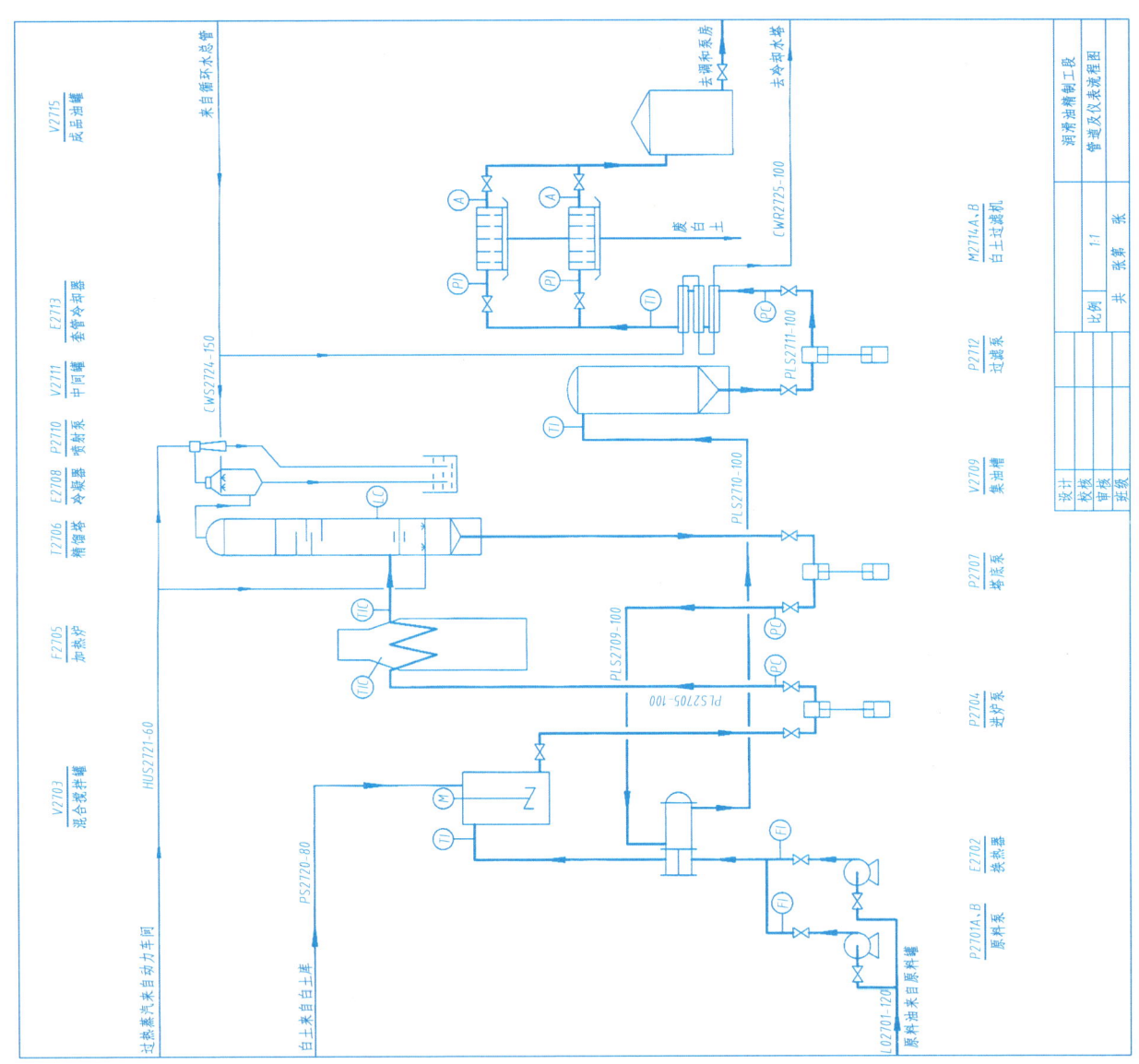

12-2 看管路图

1. 根据平面图、立面图，画 I—I 剖面图

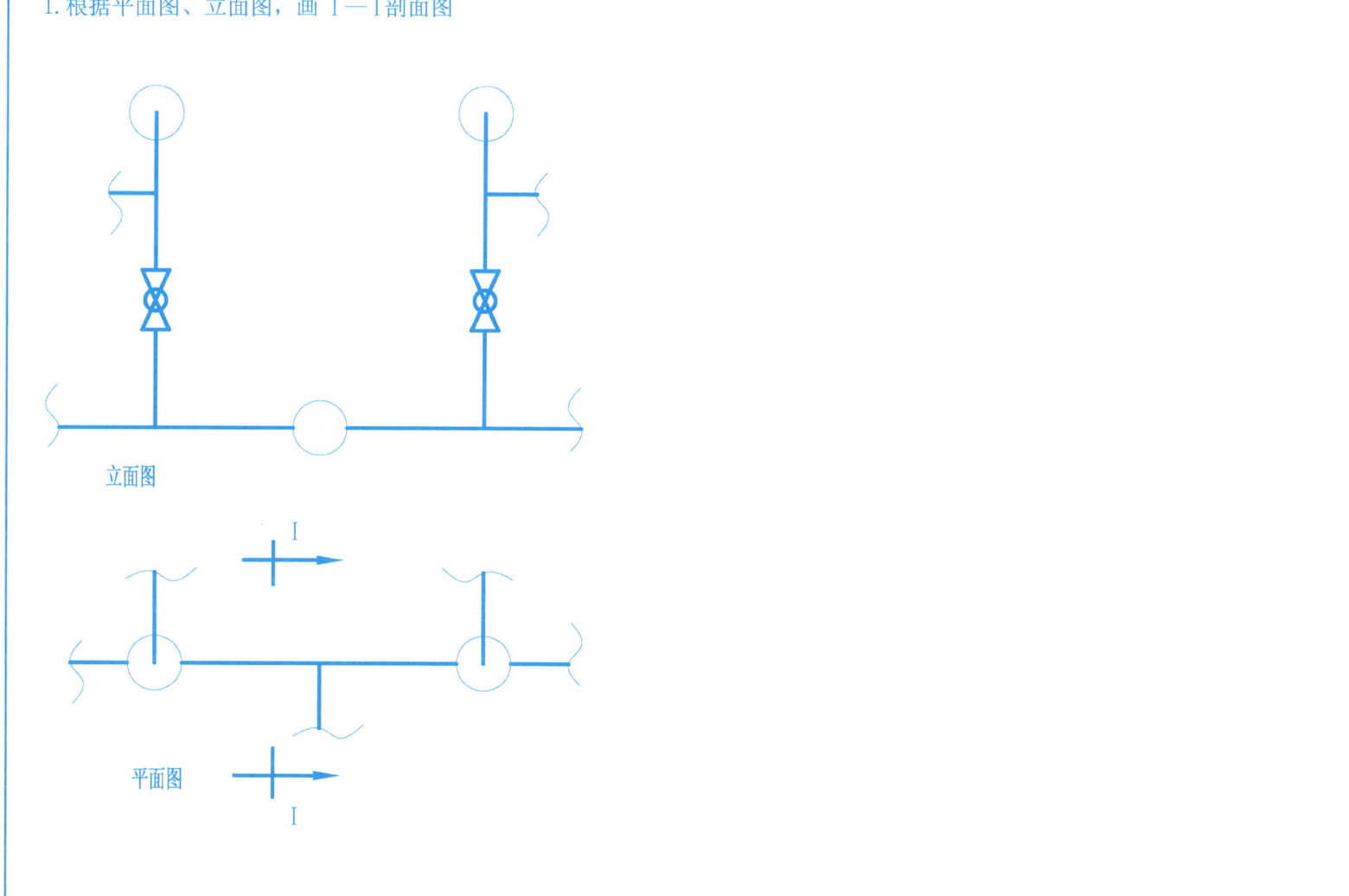

12-2 看管路图

2. 读泵站配管图，画出 Ⅰ—Ⅰ、Ⅱ—Ⅱ剖面图

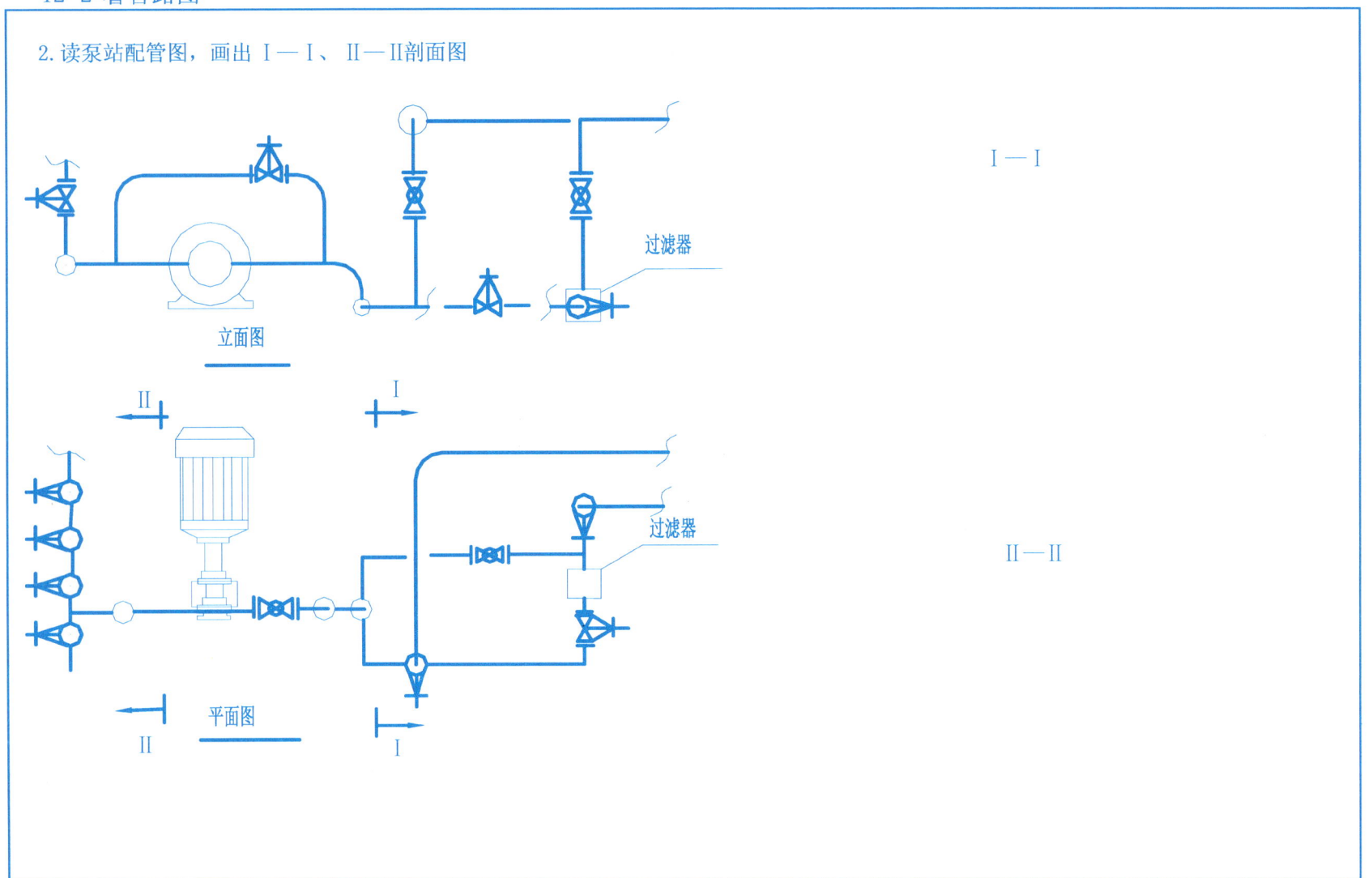

12-2 看管路图

3. 读油泵管路系统的平面图、立面图，并填空

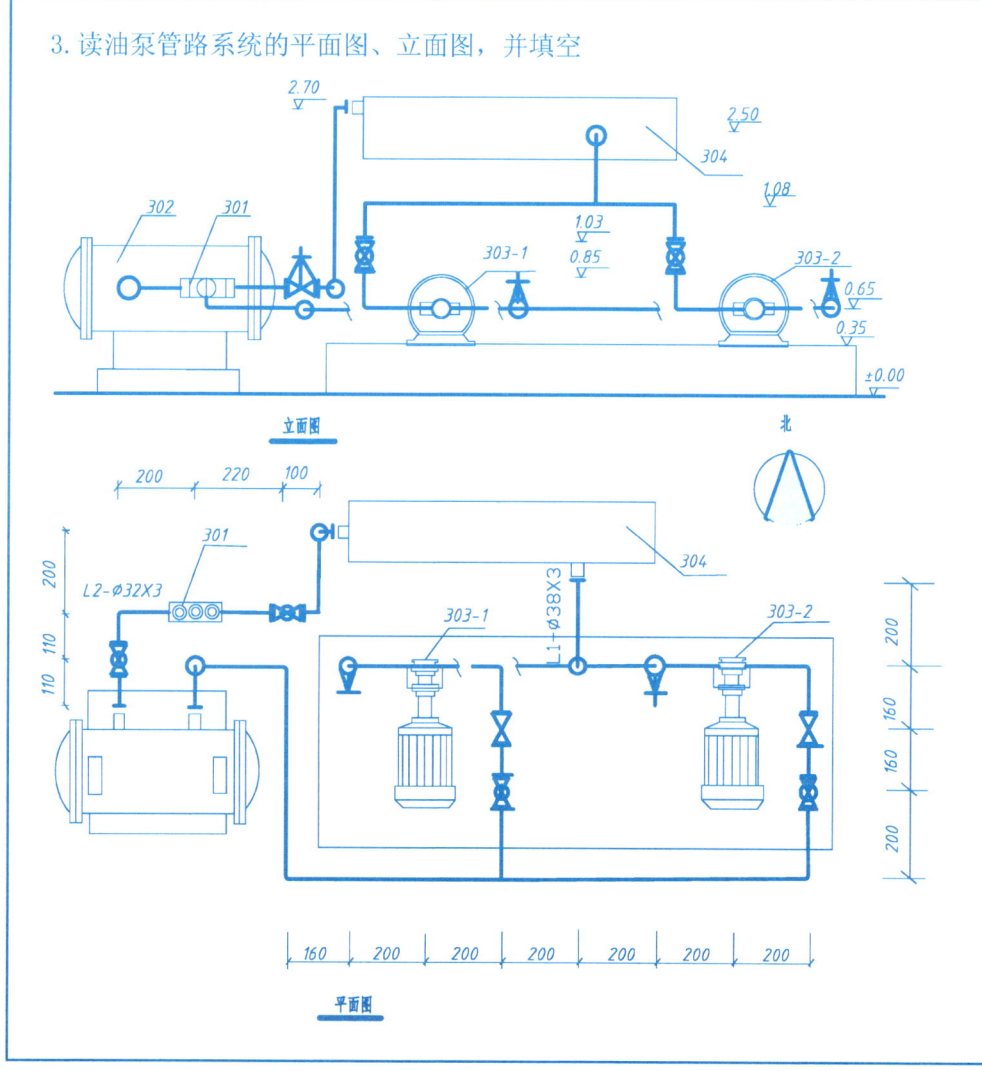

填空：

(1) 油泵管路系统图中有油泵_____台。编号为301的设备为_____。

(2) 连接两油泵的进出口的管路标高为_____m。

(3) 从曲轴箱304出来的油管 $L1-\phi 38\times 3$ 由北向南标高_____处，拐弯朝下至标高_____m处，然后由三通分为_____路，一路向西_____mm，另一路向东_____mm，分别拐弯朝下至标高_____m处，在这两根立管上均有阀，然后又由西向东_____mm，分别进入油泵303-1和303-2进口处。

(4) $L2-\phi 32\times 3$ 是_____出口至曲轴箱304进口之间的管线，它_____出口自西向东，然后向上拐弯至标高_____m处，再向_____拐至_____。

304	曲轴箱	台	1	
303	油泵	台	2	
302	油冷却器	台	1	
301	过滤器	台	1	
编号	名称型号及规格	单位	数量	备注

油泵管路系统图　比例 1:100

12-3 化工设备图中的标准件

根据规定标记，查表标注出下列零部件的尺寸。

1. 椭圆封头　EHA1000×6-16MnR　GB/T 25198—2010

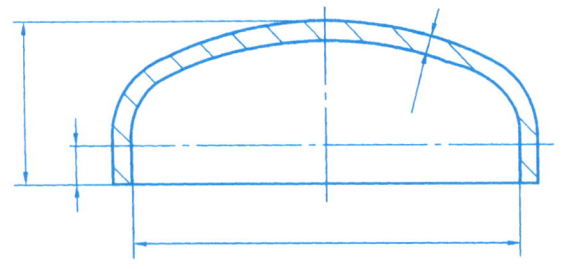

2. 补强圈　d_N300×8-A-16MnR　JB/T 4736—2002

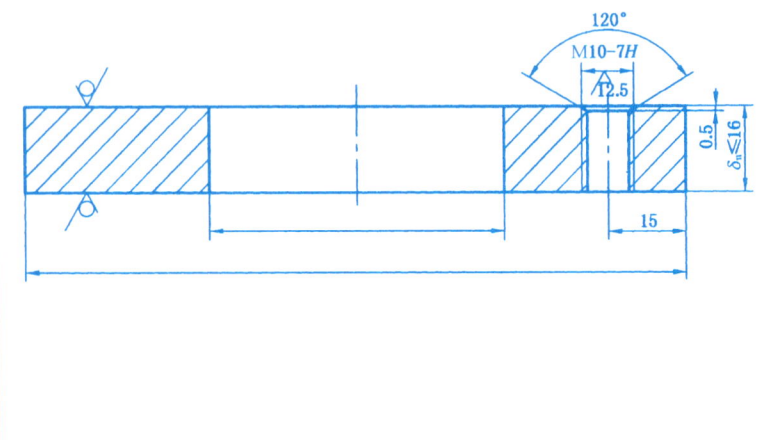

3. 法兰　PL××(B)-0.6RF　HG/T 20592~20635—2009(法兰材料为16Mn；接管材料为10钢)

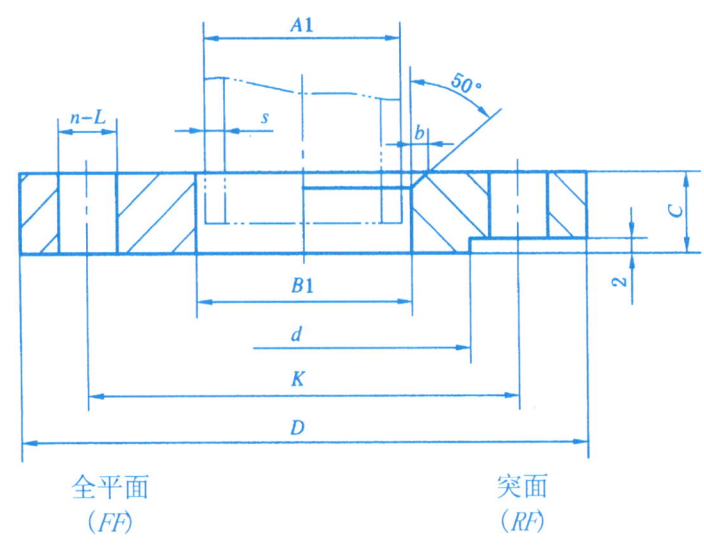

全平面　　　　　　　　突面
(FF)　　　　　　　　(RF)

公称压力, MPa	0.6				
公称直径, mm	25	50	100	200	500
法兰尺寸 A1×S					
B1					
d					
K					
D					
C					
L					
b					

12-3 化工设备图中的标准件

4. 人孔 RFⅢA 500-1.0 HG/T 21517—2014

5. 耳座 A2 NB/T 47065.3—2018

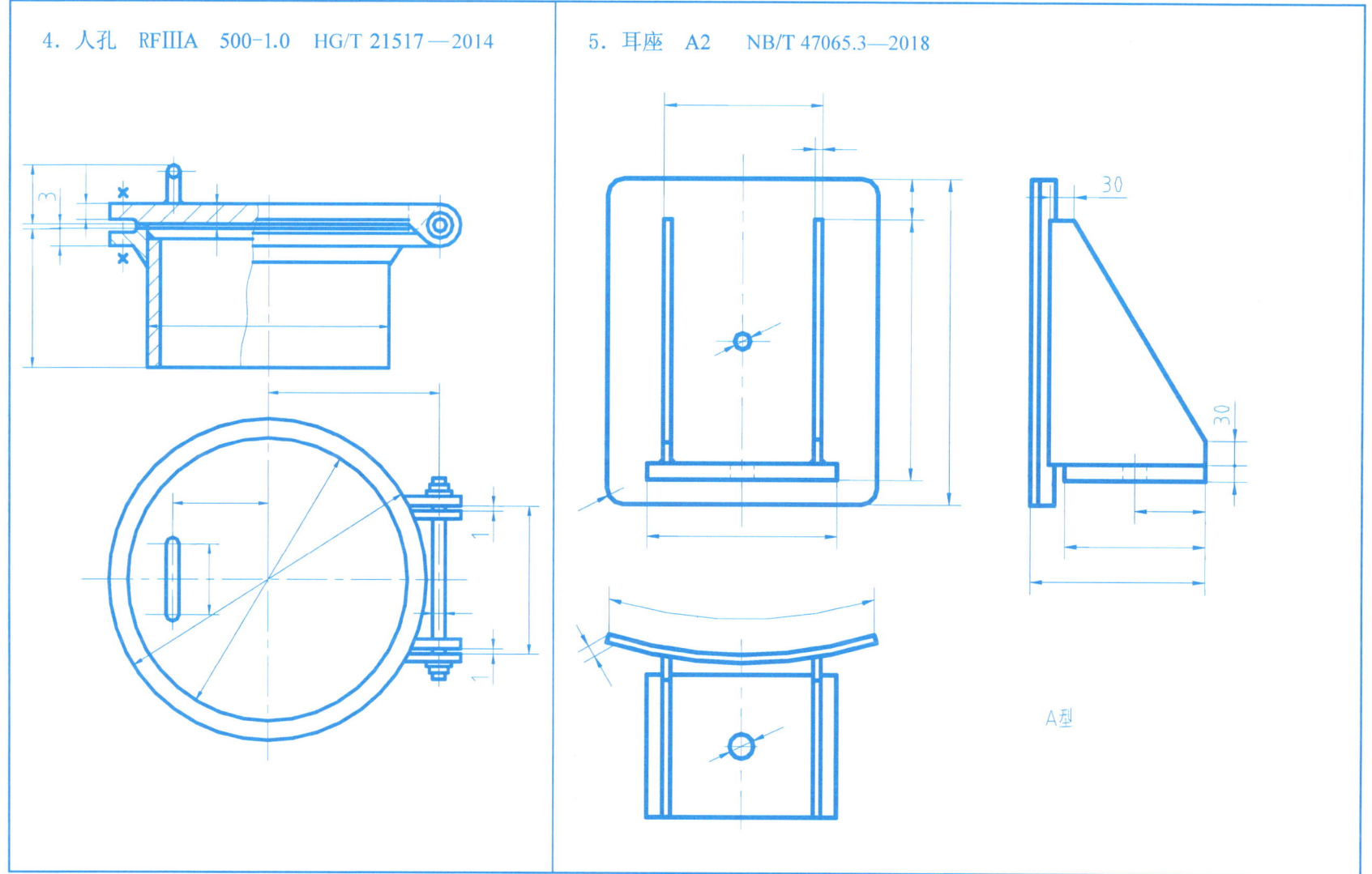

A型

12-4 读化工设备图

冷凝器工作原理

冷凝器是一种换热器，是进行热量交换的通用设备。在化工生产中，对流体加热或冷却，以及液体汽化或蒸汽冷凝等过程都需要进行热量交换，因而需要冷凝器。

冷凝器的工作原理是两种介质各自通过管内及管间进行热量交换。

固定管板式冷凝器是列管式换热器的一种，它主要由固定在管板上的管子、管板和壳体组成。这种换热器的结构比较简单，便于清洗管内及更换管子，但清洗管外比较困难，适用于壳程介质清洁、不易结垢、管内需清洗及温差比较小的场合。

看懂冷凝器装配图，回答下列问题：

(1) 该设备的名称是_____，其规格为_____。

(2) 图中零部件编号共有_____种，属于标准化零部件有_____种，接管口有_____个，焊接方法采用_____。

(3) 该图采用了_____个基本视图，一个是_____图，采用了_____的表达方法，另一个是_____图，采用了_____的表达方法。

(4) 图中采用了_____个局部放大图，分别表达_____。

(5) $K—K$ 剖视图表达_____。

(6) 该冷凝器共有_____根管子，管内走_____，管外（壳程）走_____，试在图中用铅笔画出流体的走向。

(7) 冷凝器的内径为_____，外径为_____；该设备总长为____，总高为_____。

(8) 换热管的长度为_____，壁厚为_____。

12-4 读化工设备图
冷凝器装配图(一)

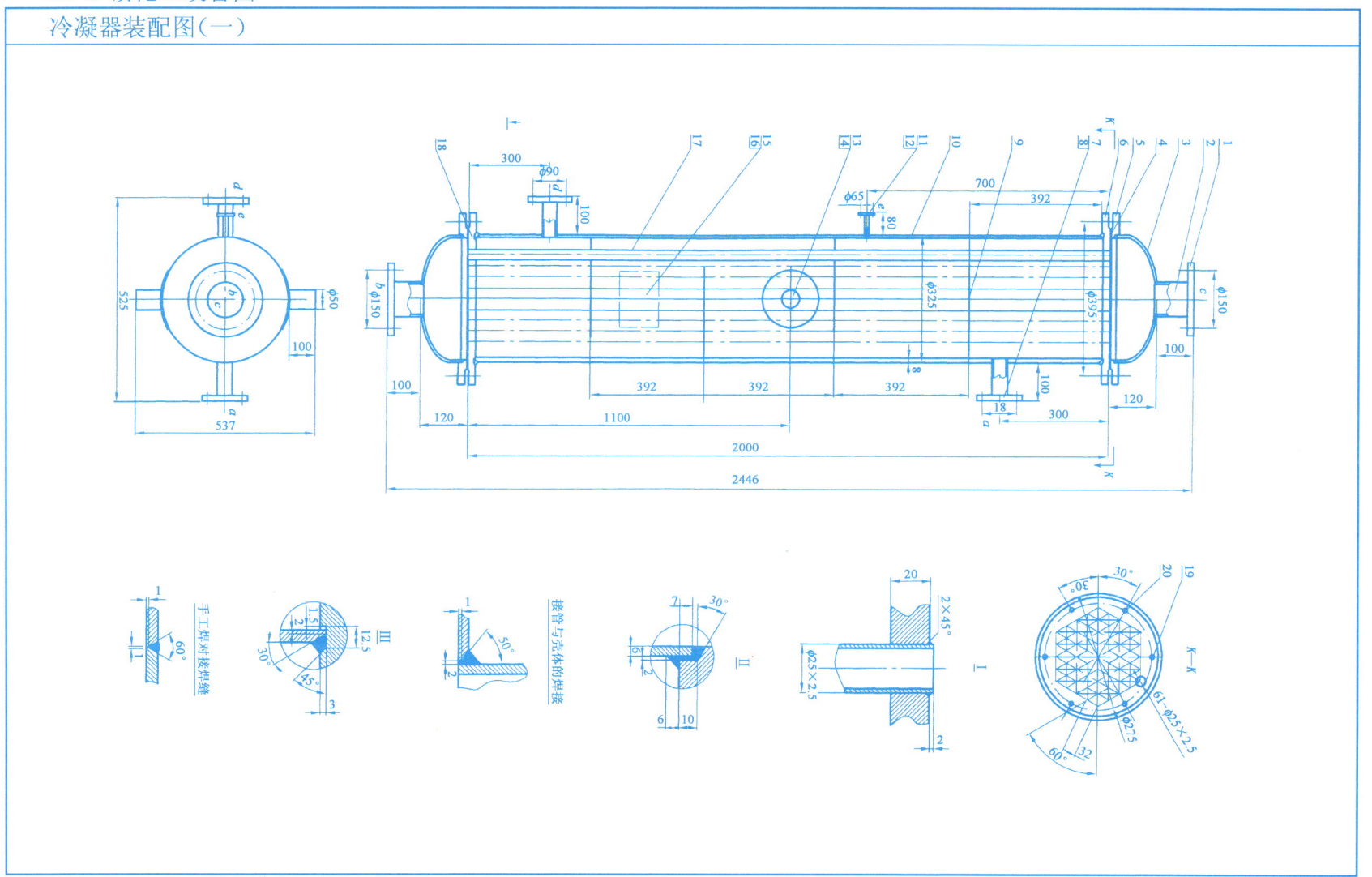

12-4 读化工设备图

冷凝器装配图技术数据

I 基本数据	项 目		管 程	壳 程
	设计压力,	MPa	0.09	0.09
	最高工作压力,	MPa	0.09	0.09
	设计温度,	℃	100	100
	最高/低工作温度,	℃	常温	5/80
	水压试验压力,	MPa	0.4	0.2
	物料		水	蒸馏酒
	允许管壳程之间温差, ℃		50	50
	容积,	m³	0.18	
	换热面积,	m²	10	
	容器类别		—	

II 主要材料			
管板、筒体、接管、法兰、换热管		Q235-B	20
封头、法兰、接管		Q235-B	20

III 数据设计		
壁厚附加量, mm	腐蚀裕量 1.0	
焊缝系数	0.85	

IV 设计 制造 检验及验收	
规范	—
标准	NB/T 47003.1—2019
焊接规程	NB/T 47015—2011
焊缝无损探伤	—
管口方向	以侧视图为准
油漆	外表面防锈底漆一次, 面漆一次
标牌 出厂文件 包装运输	按GB151—1989规定

V 焊接表	
手工焊	焊条牌号J426

VI 管口表

符号	公称规格	连接法兰标准	密封面	用途	管子尺寸	伸出长度
a	PN0.6 DN32	HG 20592—2635	RF	循环水出口	$\phi 38 \times 4$	100
b	PN0.6 DN80	HG 20592—2635	RF	物料进口	$\phi 89 \times 6$	100
c	PN0.6 DN80	HG 20592—2635	RF	物料出口	$\phi 89 \times 6$	100
d	PN0.6 DN32	HG 20592—2635	RF	循环水进口	$\phi 38 \times 4$	100
e	PN0.6 DN20	HG 20592—2635	RF	放空口	$\phi 25 \times 3$	80

注：拉杆与管板、拆流板连接要求采用焊接。

12-4 读化工设备图

冷凝器装配图（二）

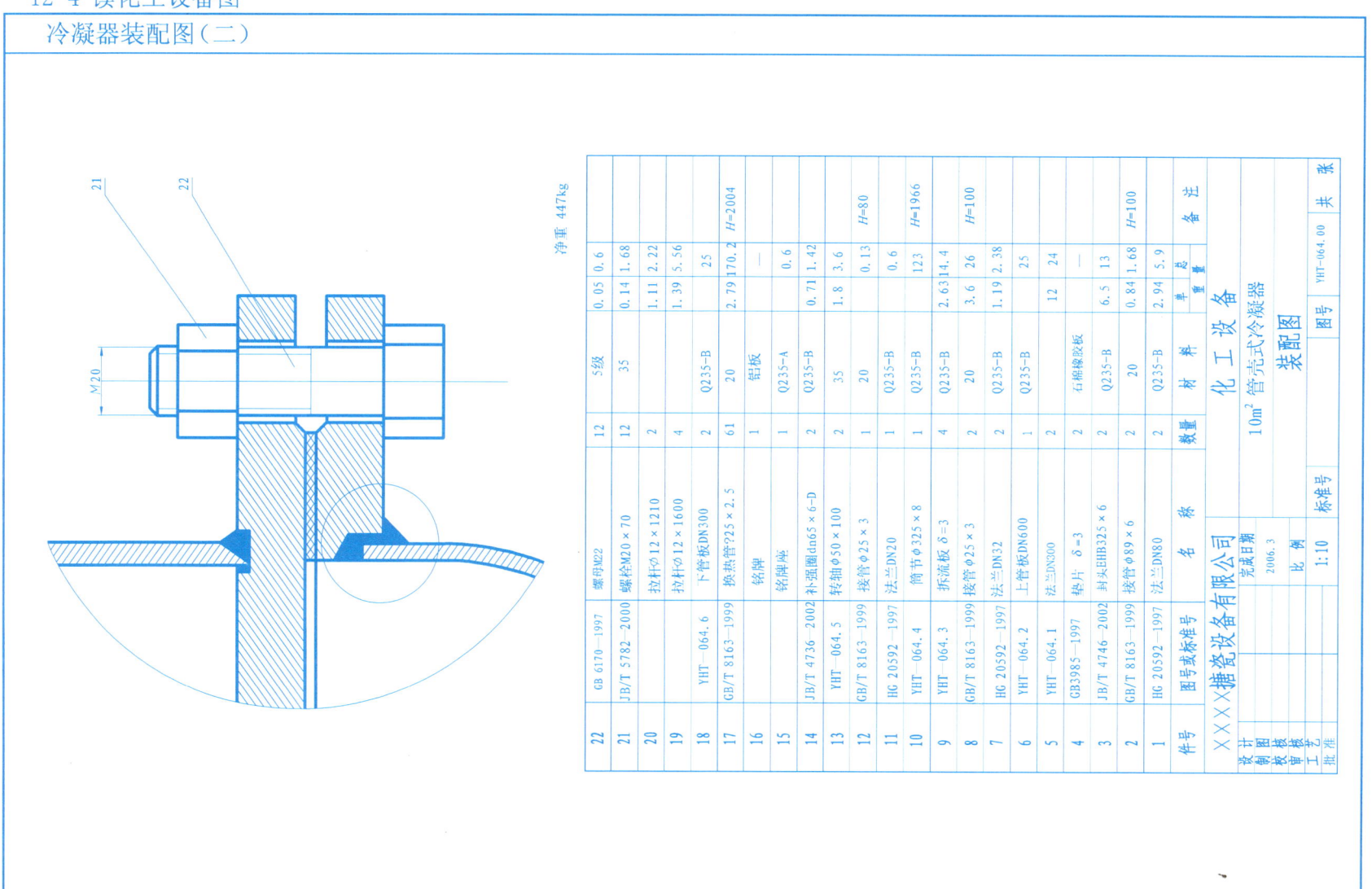

12-4 读化工设备图

搅拌容器工作原理

搅拌容器是化工厂常用的典型设备之一，一般由罐身、夹套、罐盖、传动装置（包括减速器、搅拌器）和密封结构等部分组成。

罐体部分作为物料反应的空间，酸液和碱液等物料由加料管 j、K 分别加入罐体内，经搅拌器搅拌和夹套内蒸汽、电加热或夹套内的冷却水进行冷却（由工艺条件确定），经过一定时间达到反应要求后，生成物由接管 p 放出。

搅拌容器由焊在夹套上的耳式支座固定在基础上。

看懂搅拌容器装配图，回答下列问题：

(1) 该设备的名称是_____，其规格为_____。

(2) 图中零部件编号共有_____种，属于标准化零部件有_____种，接管口有_____个，焊接方法采用_____。

(3) 该图采用了_____个基本视图，一个是_____图，采用了_____ _____的表达方法，另一个是_____图，采用了_____的表达方法。

(4) 图中采用了_____个局部放大图，其中Ⅰ、Ⅱ、Ⅲ号放大图分别表达_____。

(5) 两个焊缝节点图分别表达_____、_____。

(6) 罐体与上部封头通过_____连接，夹套与封头之间的连接形式为_____ _____。

(7) 该搅拌容器采用四个_____式支座，支座的垫板与夹套采取____ _____的方式固定。

(8) 酸液自接管_____进入灌内，碱液自接管_____进入灌内，中和后的溶液从接管_____排出。

(9) 罐体内表面采用硅酸盐搪玻璃覆盖层，其目的是_____。

(10) 搅拌容器的总高为_____，总长（宽）为_____。

12-4 读化工设备图
搅拌容器装配图（一）

12-4 读化工设备图

搅拌容器装配图技术数据(一)

项目			容器	夹套
I 基本数据				
设计压力,MPa			0.4	0.6
最高工作压力,MPa			0.25	0.6
设计温度,℃			200	200
最高工作温度,℃			0~200	0~200
水压试验压力,MPa			0.54	0.81
	机械密封		0.4	
	填料密封		0.25	
	机械密封		0.54	
	填料密封		0.34	
物料			除氢氟酸、浓磷酸(浓度大于70%,温度大于180℃)和强碱(pH值大于12,温度大于100℃)以外在水溶液中几乎能全部电离(不含氧离子)的介质	水蒸汽(包括过热蒸汽)
全容积,m³			3.229	8.61
容积系数			0.93	
容积类别			二	
换热面积,m²				
质量,kg	空重			3520
	盛水重			7382
注:如需气密性试验则由供需双方协议进行				
II 主要材料				
罐体及封头			Q235-B,含碳量不大于0.19%	
夹套及封头			Q235-B	
III 设计数据				
焊缝系数			腐蚀裕量 0.5,磨光、喷砂和抛光裕量 1.5	
			腐蚀裕量 1.0	
			0.85	
搅拌器	型式		框式	浆式
	公称转速,r/min		63 或 85	85 或 130
温度计套形式			一般温度计套	带翼温度计套
电动机			Y132S4 功率 5.5kW	
传动装置型号			BLD5.5-3-i-TB₅	
IV 设计、制造、检验及验收				
规范			压力容器安全技术监察规程 GB150.1~150.4-2011《压力容器》标准释义,GB 25025-2010搪玻璃设备技术条件	
标准			NB/T 4709-2000	
焊接规程			JB/T 4730Ⅲ级合格	
焊缝无损探伤	类别		A类,B类每条焊缝长度大于20%,X射线探伤	
	标准		0.8~2.0	
	搪玻璃层厚度,mm			
	搪玻璃层高电压试验		20kV,工作面不导电	
	允许修补针孔数		0	
	搪玻璃层径向温差急变性		冷冲击 110℃,热冲击 120℃	
	搅拌器密封段径向全跳动,mm		填料密封 0.3,机械密封 0.5	
	搅拌轴旋转方向		单向(附视图顺时针)	
	设计装置以水代物料试运转		不许有不正常噪声和振动	
	管口及支座方位		以俯视图为准	
油漆			碳钢外表面防锈底漆一次,面漆一次 按 GB 25025-2010规定	
标牌、出厂文件、包装运输				
V 焊接表				
手工电弧焊			焊条牌号:J427;焊缝代号:GB 324-2008	
自动焊			焊丝牌号:H08A;焊剂牌号:HJ431	

12-4 读化工设备图

搅拌容器装配图技术数据(二)

Ⅵ 管口表

符号	公称规格	连接法兰标准	密封面	用途	管子尺寸 mm	伸出长度 mm
a/n	PN0.6 400×300/DN125	—	平面	带视镜人孔	—	135
b	PN0.6 DN125	HG/T 2105—2017	平面	搅拌孔	—	85
c	PN0.6 DN100	HG/T 2105—2017	平面	温度计套管孔	—	110
d	PN0.6 DN100	HG/T 2105—2017	平面	备用孔	—	75
e	PN0.6 DN125	HG/T 2105—2017	平面	灯孔	—	85
f	PN0.6 DN125	HG/T 2105—2017	平面	备用孔	—	85
g	PN0.6 DN100	HG/T 2105—2017	平面	备用孔	—	75
h	PN0.6 DN125	HG/T 2105—2017	平面	备用孔	—	85
i	PN0.6 DN125	HG/T 2105—2017	平面	放料孔	—	85
j, k	PL65-0.6RF	HG 20592-20635—2009	平面	液体进口	φ76×4	90
p_1, p_2	PL65-0.6RF	HG 20592-20635—2009	平面	蒸汽进口,液体出口	φ76×4	90
p_3	PL65-0.6RF	HG 20592-20635—2009	平面	凝水出口	φ76×4	90
m	Rp3/8	—	管螺纹	放气口	—	—

说明:1. 本表所示为框式搅拌器,悬挂式支座,一般温度计套。
2. "伸出长度"一栏中,罐体接管以内壁为基准,夹套接管以外壁为基准。

12-4 读化工设备图

搅拌容器装配图技术数据（三）

件号	图号或标准号	名称	数量	材料	单 重量	总	备注
28	YHT—018	垫板 DN1750	1	Q235—B	—	3.9	—
27	YHT—010	放气阀 Rp3/8	1	组合件	—	0.3	—
26	YHT—015	双头螺栓 M27×147	4	Q235—A	0.75	3	—
25	GB/T 97.1—2002	垫圈 27	1	140HV	0.04	0.16	—
24	GB/T 93—1987	垫圈 27	4	65Mn	0.01	0.04	—
23	GB/T 6170—2015	螺母 M27	8	5级	0.1	0.8	—
22	YHT—023	防松螺母 M76×4—左	1	Q235—A	—	0.8	—
21	YHT—024	挡环 φ52	1	Q235—A	—	0.3	—
20	HG5—251—91	传动装置 BLD5.5—3—i—¹BB₅	1	组合件	—	421	—
19	GB/T 6170—2015	螺栓 M16	8	5级	0.03	0.24	—
18	GB/T 5780—2006	螺母 M16×100	8	5.6级	0.2	1.6	—
17	HG/T 2105—2017	活套法兰 PN0.6 DN125AI	1	Q235—B	—	3.6	—
16	HG/T 2050—2019	垫片 BI PN0.6 DN125	1	组合件	—	—	—
15 B	HG/T 2057—2011	机械密封 212 型 DN95	1	组合件	—	12	配框式搅拌
15 A	HG/T 2048.1—2018	填料密封 DN95	1	组合件	—	23	配桨式叶轮式搅拌
14	YHT—032	人孔盖 400×300	1	组合件	—	34	—
13	HG/T 2050—2019	垫片 C1 PN0.6 DN400×300	1	组合件	—	—	—
12	HG/T 2054—2018	A 型卡子 M16	18	组合件	0.869	12	—
11	YHT19.30	罐盖 DN1600	1	组合件	—	576	—
10 B	HG5—276—91	温度计套管 DN65×1250	3	组合件	—	14.6	—
10 A	HG5—276—91	带裂温度计套管 DN65×2030	1	组合件	—	37.9	—
9	HG/T 2050—2019	垫片 AIPN0.6DN1600	1	组合件	—	—	—
8	HG/T 2054—2018	A 型卡子 M24	52	组合件	2.5	130	—
7 C	HG5—280—91	桨式搅拌器 DN95×2500	1	组合件	—	68	—
7 B	HG5—279—91	叶轮式搅拌器 DN95×2500	1	组合件	—	54.3	—
7 A	HG5—278—91	框式搅拌器 DN95×2500	1	组合件	—	83.2	—
6	YHT19.20	夹套 DN1750	1	组合件	—	801	—
5	YHT19.10	罐身 DN1600	1	组合件	—	1340	—
4	YHT—035	铭牌	1	铝板	—	—	—
3	YHT—020	接管盲板 DN125	3	组合件	11	33	—
2	YHT—020	接管盲板 DN100	2	组合件	8.5	17	—
1	YHT—034	视镜 DN125	1	组合件	—	12	—

×××搪瓷设备有限公司	完成日期 2003.8	搪玻璃设备 开式搅拌容器 30001（S 系列） 装配图		
设计		标准号	比例 1:10	图号 YHT 19.00	共 张
制图				
校核				
审核				
工艺				
批准				

参 考 文 献

[1] 全国技术产品文件标准化技术委员会,中国标准出版社第三编辑室. 技术新产品文件标准汇编 机械制图卷. 2版. 北京:中国标准出版社,2006.
[2] 全国技术产品文件标准化技术委员会,中国标准出版社第三编辑室. 技术新产品文件标准汇编 技术制图卷. 2版. 北京:中国标准出版社,2009.
[3] 胡建生. 化工制图习题集. 北京:化学工业出版社,2009.
[4] 金大鹰. 机械制图习题集. 北京:机械工业出版社,2008.
[5] 钱文伟. 工程制图习题集. 北京:高等教育出版社,2007.
[6] 王冰. 工程制图习题集. 北京:高等教育出版社,2007.
[7] 王琴. 工程制图习题集. 2版. 北京:石油工业出版社,2013.